"山西大同大学基金"
"山西省应用基础研究计划项目"（编号201901D211426）
"山西省高等学校科技创新项目"（编号2019L0770）　资助
"山西大同大学博士科研启动基金"（编号2017-B-17）

U0349090

植物游离小孢子
培养技术及应用研究

ZHIWU YOULI XIAOBAOZI
PEIYANG JISHU JI YINGYONG YANJIU

张 琨◎著

中国农业科学技术出版社

图书在版编目（CIP）数据

植物游离小孢子培养技术及应用研究／张琨著. —北京：中国农业
科学技术出版社，2020.8

　ISBN 978-7-5116-4909-6

Ⅰ.①植… Ⅱ.①张… Ⅲ.①作物–杂交育种–研究 Ⅳ.①S334

中国版本图书馆 CIP 数据核字（2020）第 139783 号

责任编辑　李冠桥
责任校对　贾海霞

出 版 者　中国农业科学技术出版社
　　　　　北京市中关村南大街 12 号　邮编：100081
电　　话　(010)82109705(编辑室)　　(010)82109702(发行部)
　　　　　(010)82109709(读者服务部)
传　　真　(010)82106625
网　　址　http://www.castp.cn
经 销 者　各地新华书店
印 刷 者　北京建宏印刷有限公司
开　　本　710mm×1 000mm　1/16
印　　张　9
字　　数　159 千字
版　　次　2020 年 8 月第 1 版　2020 年 8 月第 1 次印刷
定　　价　45.00 元

作者简介

  张琨，男，讲师，博士学位，现任山西大同大学生命科学学院生物科学系设施建造与调控教研室主任。主要从事蔬菜遗传育种与生物技术研究。主持山西省应用基础研究计划（青年科技研究基金）项目1项、山西省高等学校科技创新项目1项，山西大同大学校级科研项目2项，参与省级和校级课题5项。以第一作者身份发表论文6篇，其中SCI收录2篇，北大中文核心期刊收录3篇。

前　言

　　植物游离小孢子培养技术是植物产生单倍体的有效途径之一，其产生的单倍体经自然或人工加倍得到的双单倍体（doubled haploid，DH），是遗传意义上真正的纯系。植物游离小孢子培养技术具有快速纯合基因型、促进植物胚胎发生和提高植株再生率的功能，在突变育种、分子标记辅助育种领域具有十分重要的应用。自20世纪70年代游离小孢子首次培养成功以来，游离小孢子培养技术成为了国内外研究的一个热点。目前，已广泛应用于大白菜、甘蓝型油菜、水稻、芜菁、萝卜、小麦、大麦、玉米等作物的培养体系，在植物育种和遗传改良中具有诱人的前景。

　　本书在简要回顾植物育种学与生物育种技术的基础上，针对几种典型的游离小孢子培养技术展开了研究讨论。内容共包括6个部分：第一章为绪论，内容包括游离小孢子培养在生物技术中的地位、游离小孢子培养简史以及游离小孢子培养应用前景；第二章主要就游离小孢子培养技术展开讨论，详细论述了游离小孢子培养及其功能、游离小孢子培养体系构建、胚状体发育及植株再生以及小孢子培养技术的应用；第三章论述了大白菜游离小孢子培养技术，内容包括大白菜游离小孢子培养材料的选择和处理、大白菜游离小孢子培养的培养基及其配制、大白菜游离小孢子培养操作方法、大白菜小孢子胚胎形成及植株再生的影响因素等；第四章主要探讨了甘蓝型油菜游离小孢子培养技术，内容包括甘蓝型油菜游离小孢子培养的培养基及其配制、甘蓝型油菜游离小孢子培养操作方法、甘蓝型油菜小孢子胚胎发生细胞学观察、甘蓝型油菜小孢子胚胎发生及植株再生的影响因素以及甘蓝型油菜小孢子再生植株的倍性鉴定等；第五章重点探讨了芜菁游离小孢子培养技术，内容包括芜菁游离小孢子培养材料的选择和处理、芜菁游离小孢子培养的培养基及其配制、芜菁游离小孢子培养操作方法、芜菁游离小孢子胚胎发生及植株再生的影响因素等；第六章主要讨论了萝卜游离小孢子培养技术，内容包括萝卜小孢子发育时期的细胞学特征与花器官形态的关系、萝卜游离小孢子培养材料的选择和处理、萝卜游离小孢子培养操作方法等。

　　本书逻辑严谨、条理清晰，便于读者理解。同时，具有很强的实用性，书中大量翔实的试验案例,对相关行业研究人员和技术人员具有很强的参考价值,亦可供高等院校农学类专业的师生参考阅读。

　　本书是作者在总结大量有关植物游离小孢子培养技术的基础上,广泛收集最新研究成果撰写完成的。在撰写过程中,作者得到了众多专家和同仁的热心帮助与大力支持,许多教学和科研一线的骨干教师、研究人员也为本书提供了大量宝贵经验。在此一并表示真挚的感谢。

　　由于作者水平有限,加之植物游离小孢子培养技术的不断发展,虽经多次修改完善,书中仍然难免有疏漏和不足之处,敬请同领域的各位专业人士和广大读者朋友们批评指正。

著　者

2020 年 3 月

目　录

第一章　绪　论

　　游离小孢子培养技术是近年来一项影响广泛的植物细胞工程技术，它能够加速作物育种进程，大大提高育种效率，缩短育种周期。因此受到广大科学工作者的高度重视，并展开了大量研究探索。本章概述了游离小孢子培养的基本现状和应用前景，内容主要包括游离小孢子培养在生物技术中的地位、游离小孢子培养简史、游离小孢子培养的应用前景。

第一节　游离小孢子培养在生物技术中的地位

　　了解游离小孢子培养技术在生物技术中的地位，要从生物技术在作物育种中的应用与细胞工程育种的发展谈起，继而阐明单倍体育种（主要是游离小孢子育种）的地位。

一、生物技术与作物育种

　　生物技术是以现代生命科学理论为基础，利用生物体系和工程原理，用于鉴定、甄别生物对象，改良生物品种以及创造新物种的综合性科学技术。作为一门新兴科学，生物技术正以令人惊叹的速度不断扩展着自己的内涵。

（一）生物技术的种类及应用领域

　　通常，根据操作对象及操作技术的不同，生物技术主要以基因工程、细胞工程、酶工程、发酵工程和蛋白质工程5项工程技术为代表。这5项技术虽然彼此所关注的具体领域不同，但是它们并不是完全独立、互不联系的，恰恰相反，它们彼此之间联系紧密，形成了以基因工程为核心的联动关系。图1-1呈现的是这5项技术之间的相互关系。

　　除了上述5项主要工程技术之外，染色体工程、生化工程等也同属于生物技术的范畴。

　　生物技术作为一门综合性的学科，涉及分子生物学、细胞生物学、微生物学、植物生理学等众多学科领域。同时，在社会生产和实际生活中有着广

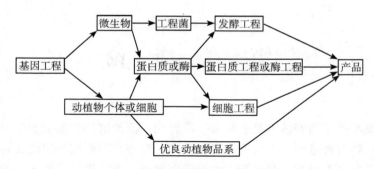

图 1-1　生物技术 5 项工程之间的关系

阔的应用前景，图 1-2 的"生物技术树"为我们直观且生动地呈现了生物技术所涉及的领域，包括医药、农业、畜牧业、食品、化工、林业、环境保护、采矿冶金、材料、能源等领域。这些领域的广泛应用必然带来巨大的经济价值和社会价值。

（二）　生物技术在作物育种中的应用

自问世以来，生物技术因其多元化的功能而被广泛地应用于农作物的品种改良和良种繁育等具体工作中。19 世纪 30 年代，德国植物学家施莱登（Schleiden）和动物学家施旺（Schwann）最早提出了细胞学说。20 世纪初德国植物学家哈伯兰德（Haberlandt）提出的细胞全能性学说为细胞工程奠定了又一重要的理论基础。20 世纪 50 年代，植物细胞全能性设想得以实现，推动了植物组织培养、新品种培育及种质资源保存等的发展。20 世纪 70 年代，基因重组技术的发明和发展，为植物育种提供了新的思路，实现了生物技术的第二次飞跃。20 世纪 80 年代，DNA 多聚酶链式反应（PCR）技术的诞生及基于 PCR 技术的新型分子标记的不断涌现，促进了分子标记辅助育种的快速发展。

近年来，随着基因组测序技术的不断突破，以基因组学、蛋白质组学、代谢组学为代表的多门"组学"及生物信息学的持续迅猛发展，使得作物育种理论和技术发生了重大变革。

生物技术改良作物品种具有高效、定向、准确的特点。利用生物技术与传统育种技术相结合的方式，可以扩大农作物育种的基因来源，显著提高育种效率。因此，以双单倍体育种、转基因育种、分子标记辅助选择育种、分子设计育种、智能不育杂交制种等为代表的现代生物育种技术在应对我国粮食安全问题的挑战上，具有不可替代的作用，同时也必将成为未来全世界作

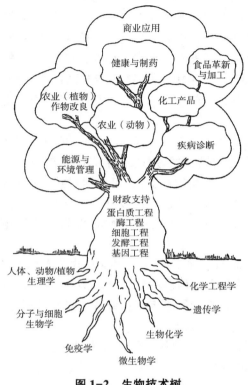

图 1-2　生物技术树

（宋思扬，楼士林，2014）

物育种的主流技术和农业科技的发展方向。

（三）生物技术提高作物产量及品质

国家稳定和人民幸福的基础在于粮食充沛，当今世界在环境污染、耕地减少、资源减少等问题以及人口逐年增多的情况下，粮食问题尤为突出。因此，每个国家的政府部门都高度重视粮食问题的解决。生物技术的出现无疑能在很大程度上帮助各个国家改善农业生态环境，提高农作物产量的同时也提升粮食品质。而中国又是人口大国，粮食问题更加突出，因此可以看到国家和政府在粮食领域投入了大量人力、物力和财力，生物技术在中国的应用已经非常广泛。

具体而言，生物技术主要通过以下几个方面为解决粮食问题提供了帮助。

（1）培育抗逆的作物优良品系。这主要依赖的是基因工程中的转基因技术，它通过改善作物的抗逆特性来提升作物品质，所培育出来的新品系有顽强的生命力，具有抗寒、抗盐碱、抗旱、抗病虫害等特质。目前转基因技术在全世界已经应用到了玉米、水稻、小麦、棉花、甘蔗、大豆、番茄等多种作物中，截至 2011 年，中国所种植的转基因植物面积近 390 万 hm^2，主要品种有棉花、甜椒、番茄、木瓜等。中国的"超级杂交水稻"2012 年百亩①试种已达到平均亩产 917.72kg。

（2）植物种苗的工厂化生产。自从细胞全能性理论诞生并在实践中得到证实，细胞工程中的植物微繁殖技术得以出现和发展。一个植物身上的各个细胞都可以被看成"植物的种子"，可以通过技术培养获得新的植物。现在研究已经深入植物的茎、叶、穗以及胚乳、花药等。利用无性繁殖技术，工厂可以实现大规模、批量化生产多种农作物、药用植物以及果树、蔬菜等。

（3）提高粮食品质。除了通过生物技术改善农作物的抗逆特性，还可以应用生物技术培育营养价值高的新品种。例如，将大米自身含量很低的蛋白质进行提高，让其营养物质更丰富；或者，将不易长时间储存的番茄进行转基因培育，使其更方便运输，等等。

（4）生物固氮，减少化肥使用量。在农业生产中，化肥已经是广泛应用的肥料了，但其对作物生长起到助益的同时也带来了土壤板结及环境污染等问题，对此，有科研工作者正致力于解决这一问题。例如，利用固氮基因实现微生物固氮，从而使化肥不再必需。

（5）生物农药，生产绿色食品。化学农药会产生环境污染，危害着农业生产的可持续发展，科学家们认识到这一问题后，虽然在化学农药改良方面做了一定探索却收效甚微。因此伴随着生物技术的发展，不少研究人员将视角转向了生物农药的研发。生物农药既不会造成环境污染，也能减少因农药残留所带来的危害人类生命安全的问题。

二、细胞工程育种

细胞工程是现代生物技术领域的一个重要方面。它是根据细胞生物学和分子生物学的理论和方法，借助工程学实验技术，按照人们预先设计的蓝

---

① 1 亩 ≈ 666.67m²，全书同。

图，进行在细胞水平上的遗传操作及进行大规模的细胞和组织培养的技术方法。利用细胞工程技术进行作物育种，是迄今人类受益最多的一个方面。这里我们主要对细胞工程育种最核心的理论基础——细胞全能性以及植物细胞工程育种的重要领域进行概述。

（一）细胞全能性

细胞全能性是细胞工程最核心的理论基础，细胞工程所包含的理论、技术均是围绕这一核心理论产生和发展起来的。

细胞全能性是指高度分化的细胞保留着全部的基因组信息，具有生物个体生长和发育所需要的全部遗传信息，具有发育成完整生物个体的潜能。细胞全能性首先是在植物中被证实的。19 世纪 30 年代末，施旺（Schwann）和施莱登（Schleiden）共同提出著名的"细胞学说"。Schwann 在当时条件下认为低等植物的任何细胞均能从植物体分离并继续生长。简单地说，一个生活细胞所具有的产生完整生物个体的潜在能力称之为细胞全能性。全能性最早的定义是指受精卵发育成完整个体的能力。1902 年德国植物学家哈伯兰德（Haberlandt）预言植物细胞具有全能性，并进行了植物单个细胞离体培养的尝试，同时分离出多种不同植物的体细胞，并在克诺普（Knop）盐溶液添加葡萄糖和蛋白胨的培养基当中进行培养，旨在诱导细胞分裂与分化。虽然这些细胞能够合成淀粉，并且细胞体积增大，存活了几周，但体细胞并没有进行细胞分裂。经过几十年的探索，20 世纪 30—50 年代，生长素和细胞分裂素的发现和应用，为植物细胞全能性的实现提供了必要条件，加速了植物细胞培养的进程。其中最具代表性的是 B 族维生素、吲哚乙酸的发现，以及发现腺嘌呤和生长素的比例是控制愈伤组织分化形成芽和根的主要条件之一。在此基础上，要实现植物细胞全能性必须解决两个主要问题，第一个是体细胞的离体培养，第二个是体外进行增殖分化发育成完整植株。细胞的离体培养随着无菌培养环境和设备装置的发展完善得以实现。

在细胞培养的基础之上，1958 年，史都华德（Steward）和赖纳特（Reinert）利用胡萝卜根部韧皮部组织作为培养材料，成功培育出完整的胡萝卜植株，充分证明了高度分化的细胞、组织仍具有发育成完整生物个体的能力，即细胞全能性。动物细胞核移植实验证明，胚胎细胞及高度分化的体细胞核具有全能性。1966 年，科学家对不同植物的花药进行培养获得了单倍体植株，实现了花粉粒的细胞全能性。1971 年，对烟草原生质体进行培养获得了完整植株，实现了原生质体的细胞全能性。这些关键性的历史事件都证实了植物细胞的全能件。1997 年克隆羊"多莉"的诞生为揭示动物细胞全能性提供了重要的理论与技术支撑，此外，2006年诱导多能干细胞的获得又为动物细胞全能性提供了新的有力证据。

在植物组织培养中，主要的理论基础就是细胞全能性，目前已在农作物、林木业被广泛应用。主要表现在两个方面，一是通过染色体加倍技术，使游离小孢子培养的单倍体植株转为二倍体植株，这种育种方法已经在众多作物中得到应用，并获得成功；二是通过组织培养"试管苗"实现植物快速繁殖。这种技术已经比较广泛地应用到了花卉、果树、作物等众多领域。

对于动物细胞来说，当前细胞全能性主要的应用之处在于诱导多能干细胞（iPS细胞）的诱导。在利用核移植技术成功得到克隆羊"多莉"的基础上，科学家利用细胞融合技术，向待诱导细胞中加入限定因子的方式，让其表现出全部或部分全能性，这样经过诱导后的细胞，我们称为"诱导多能干细胞"（简称iPS细胞）。现在，iPS细胞的诱导广泛应用于基因功能、疾病治疗、药物研究等多个方面，对于解决生育问题，治疗创伤性脑损伤、老年性黄斑病变、白血病等均提供了一定程度的帮助。

（二）植物细胞工程育种

植物细胞工程是利用植物的细胞全能性，在植物组织培养的基础上发展起来的一门实验性科学。它是以植物细胞为基本单位，在离体条件下培养、繁殖或人为精细操作，使细胞的某些生物遗传特性和生物学性状按照人类的意愿发生改变，从而加速繁育植物个体、改良品种或创造新种的过程。

植物细胞工程作为一种育种手段，对于植物品质改良和新品种培育具有重要价值，其应用具体表现在植物组织培养、原生质体培养、单倍体培养及多倍体培养等多个方面。在植物组织培养方面，利用植物细胞工程技术，能够实现植物的离体培养，也就是在无菌条件下，通过植物的活器官、组织、细胞培养新的植物个体。这个过程中最重要之处在于获得有效又稳定的遗传性状，同时必须利用实验室环境进行严格的培育环境和条件控制；在植物原生质体培养方面，通过原生质体融合技术能够解决远缘杂交出现的一些问题，例如不结实、生长迟缓等，从而获得植物与近缘植物的属间杂种；在单倍体培养方面，单倍体育种主要通过对花粉或花药培养获得，它们能够缩短作物育种周期，快速培养出杂交作物和植物。花粉培养现在经常和小孢子培养通用，较花药培养的诱导频率高，因此在近些年被研究者广泛关注与研究。

三、单倍体育种

自从 1964 年印度学者 Guha 和 Maheshwari 成功地将毛叶曼陀罗的成熟花药离体培养获得单倍体植株以来，植物花药单倍体育种技术得到了快速发展。单倍体育种是指将具有单套染色体的单倍体植物，经人工染色体加倍，使其成为纯合二倍体。从中选出具有优良性状的个体，直接繁育成新品种；或选出具有单一优良性状的个体，作为杂交育种的原始材料的一种育种方法。

（一）单倍体的获取

单倍体获取的方法主要有体内发生和人工诱导两条途径。

1. 体内发生

这种途径是从胚囊内产生单倍体，主要包括以下 4 种方式。

（1）自发发生。与多胚现象常有联系，如油菜和亚麻的双胚苗中经常出现单倍体，可能是由温度骤变或异种、异属花粉的刺激引起。

（2）假受精。雌配子经花粉和雄核刺激后未受精而产生单倍体植株。

（3）孤雄生殖。卵细胞不受精，卵核消失，或卵细胞受精前失活，由精核在卵细胞内单独发育成单倍体，因此只含有一套雄配子染色体。这类单倍体发生频率很低。

（4）孤雌生殖。精核进入卵细胞后位于卵核融合而退化，卵核未经受精而单独发育成单倍体。远缘杂交中有时会出现此种现象。

2. 人工诱导

这种途径的实现主要有以下 3 种方法。

（1）物理诱变法。在开花前至受精的过程中，用射线照射花或将父本花粉经 X 射线处理后，给去雄的母本受粉，以影响其受精，可诱发单性生殖产生单倍体。

（2）化学诱变法。用药剂处理未授粉的花柱、柱头或子房，能刺激未受精卵发育形成单倍体植株，常用的有硫酸二乙酯、2,4-D、NAA、GA3、KT 等。化学药物诱导孤雌生殖的操作比较简单，一般用化学药物直接处理未授粉果穗即可，但易产生一些影响生理生化和形态上的畸变，可靠性较低。

（3）生物技术方法。离体培养花药（花粉、小孢子）和未授粉子房（胚珠）可诱导单倍体，人工诱导雄核发育和雌核发育，使其在人工配制的诱导培养基上经愈伤组织发育途径再生成植株（图1-3）。

图1-3　花药和花粉培养雄核发育和单倍体植株形成图解

　　花药培养是把发育到一定阶段的花药接种到培养基上来改变花粉的发育程序，使其分裂形成细胞团，进而分化成胚状体，产生再生植株或形成愈伤组织，由愈伤组织再分化成植株。1981年顾淑荣采用枸杞花药进行离体培养，建立细胞系，诱导植株再生，结果在含不同激素的4种培养基上都诱导出了愈伤组织，诱导率为1.7%~16.9%。愈伤组织转移到MS+0.2mg/L 6-BA的固体培养基上，胚状体能够萌发形成大量绿色小芽，小芽转入生根培养基（MS+0.12mg/L NAA）中20d后得到完整植株。

　　花粉培养（游离小孢子培养）是指把花粉从花药中分离出来，以单个花粉粒作为外植体进行离体培养的技术。用花粉培养技术获得单倍体在许多植物上都已经取得了成功。花粉培养不受花药的药隔、药壁和花丝等体细胞的干扰，但在离体培养过程中，先诱导愈伤组织，再分化形成再生植株，并非每个小孢子都能无性增殖。在分化过程中细胞染色体发生畸变的可能性较大。所以，通过花粉培养产生单倍体的关键在于选择合适的培养基及严格控制培养条件。

（二）单倍体的鉴定

单倍体的鉴定，通常有以下几种方法。

（1）形态鉴定。利用形态学和解剖学特征来鉴定单倍体是一种直观和便捷的方法。在幼苗期可以用目测选出大部分的单倍体。单倍体在正常生长状态下常常比它的标准类型小得多。在幼苗生长的早期阶段（4~6d）主根和牙鞘的长短区别明显，根长不超过2cm、芽鞘长约1cm的幼苗中多数是单倍体；在玉米等籽粒大而扁平的作物上，比较胚和盾片的大小也能对单倍体做出初步鉴定。在解剖学上观察叶片表皮气孔、保卫细胞的大小和数目，也可以区分单倍体和二倍体。

（2）生理生化鉴定。染色体倍数的变化不仅改变各种性状，也改变植物对生长条件的反应。随着单倍体基因型遗传信息容量减少和等位基因的丢失，表现型差异可能变窄，这对于生理生化特性有决定性的影响。研究表明，玉米单倍体和二倍体生理生化的差异，主要是单倍体叶片组织的含水量、灰分和叶绿素含量减少，以及纤维素、叶绿素、呼吸强度、维生素C等与二倍体植株有差异。因此，单倍体植株可通过测定蒸腾强度、光合作用、呼吸作用等的强度的方法进行鉴定。

（3）细胞学鉴定。用根尖分生组织压片观察体细胞中或减数分裂细胞中的染色体数目，可区分整倍单倍体和非整倍单倍体。利用光度计法可分析细胞核中DNA含量，但不能区分整倍单倍体和非整倍单倍体，又由于该法检测速度慢和需要仪器设备，不适合在田间进行大批量地鉴定。曹有龙等（1999）用卡诺固定液固定再生植株根尖，固定前用饱和二氯代苯溶液处理2~3h，用孚尔根染色，在醋酸洋红中压片观察染色体数目。结果观察到其染色体数n=12，证明是单倍体，为花粉植株。确定倍性最基本的和最精确的方法是鉴定植物体细胞中或减数分裂细胞中的染色体数目。

（4）遗传标记鉴定（杂交鉴定法）。遗传标记法要求用预先已知具有一个或综合性特征的遗传差异的品种或自交系进行杂交，而且这些特征应在幼苗早期发育阶段就能表现出来。在幼苗期分析这些自交系杂交后代，所有带显性特性的幼苗，作为正常受精结果而产生的予以剔选淘汰。

（5）分子标记鉴定。包括生化标记（同工酶标记）和分子标记（RELP、RAPD、AFLP等）。

第二节 游离小孢子培养简史

花药和花粉培养是人工诱导产生单倍体的两个最有效的途径。早在1954年，美国密执安大学科学家 C D Lakue 便提出了期望培养植物花粉以期探究花粉在离体条件下的生长潜力的设想。

自20世纪60年代以来，人们利用花药培养诱导单倍体植株才真正成为了现实。1964年，印度科学家 Guha 和 Maheshwari 通过培养茄科植物毛叶曼陀罗的花药，首次获得了由未成熟花药中的花粉粒发育而来的单倍体植株，这是世界上第一个花药培养试验获得成功的实例，由此也开创了利用花药培养诱导单倍体的新途径。

游离小孢子培养技术的研究始于20世纪70年代初。Norreel 和 Nitsch 率先报道了烟草的游离小孢子培养，随后，Harada 和 Kyo 报道了烟草游离小孢子获得单倍体植株的方式方法。同一时期，Sharp 等用看护培养法培养番茄的离体花粉，获得单倍体无性繁殖系。1982年，德国的 Lichter 等成功诱导出了甘蓝型油菜小孢子胚和再生植株。20世纪80年代后期，游离小孢子培养技术在十字花科的油菜上迅速发展，不仅培养技术日臻完善，而且利用有效的游离小孢子培养系统进行了小孢子离体后发育途径的生化标记研究和作为外源基因受体的探索。1989年，日本学者 Sato 在进行大白菜游离小孢子培养时从一个品种中得到了小孢子胚和再生植株。1992年中国国内学者曹鸣庆等报道大白菜游离小孢子培养获得成功。最近二十年间，游离小孢子培养技术在甘蓝型油菜上日渐成熟，已陆续在黑芥、结球甘蓝、芥蓝、嫩茎花椰菜、抱子甘蓝、羽衣甘蓝、皱叶甘蓝、小白菜、大头菜、叶芥等十余种蔬菜上获得成功。表1-1列出了已有报道的一些由游离小孢子培养获得再生植株的植物。

表1-1 植物游离小孢子培养获得再生植株一览表

序号	名称	作者	发表时间（年）
1	毛叶曼陀罗	Guha & Maheshwari	1964
2	甘蓝型油菜	Lichter	1982
3	埃塞俄比亚芥	Chuong & Beversdorf	1985
4	黑芥	Hetz & Schieder	1989
5	羽衣甘蓝	Lichter	1989

（续表）

序号	名称	作者	发表时间（年）
6	大白菜	Sato et al.	1989
7	青花菜	Takahata & Keller	1991
8	芥蓝	Takahata	1991
9	小白菜	曹鸣庆，等	1992
10	油用芜菁	Bumett	1992
11	白菜型油菜	Bumett et al.	1992
12	花椰菜	Duijis et al.	1992
13	抱子甘蓝	Duijis et al.	1992
14	芜菁甘蓝	Hasen	1993
15	叶用芥菜	Hiramatsuet al.	1995
16	结球甘蓝	Cao et al.	1995
17	紫菜薹	李光涛	1996
18	菜心	Wong	1996
19	根芥	刘东，等	1997
20	包心芥菜	陈玉萍	1998
21	球茎甘蓝	严淮	1999
22	玉米	陆瑞菊，等	2005
23	茄子	马欣	2006
24	黄瓜	詹艳，等	2009
25	胡萝卜	Gorecka et al.	2010
26	草莓	王萌	2011
27	辣椒	Kim et al.	2013

目前，游离小孢子育种与常规杂交育种、远缘杂交育种、诱变育种以及转基因育种技术相结合，形成了一套新的育种体系。近些年来游离小孢子育种技术作为一项新的组织培养技术，已在十字花科作物、茄果类作物、葫芦科作物以及玉米、小麦、水稻、烟草上成功获得了单倍体植株。

第三节　游离小孢子培养的应用前景

作为一项新兴的细胞工程育种技术，游离小孢子培养近年来在草本植物和木本植物领域，都有学者展开研究工作，并获得很有价值的成果。虽然成果仍然有限，但其在作为培养中的优势非常显著，是生物技术育种中的重要研究方向。

中国于 1970 年开始在单倍体育种方面进行研究，目前已有 40 种以上植物的花粉或花药发育成单倍体植株，主要集中在十字花科的结球白菜羽衣甘蓝、芜菁和萝卜、茄科（辣椒、马铃薯）和葫芦科的黄瓜，其中辣椒、甜菜、白菜等的单倍体植物为中国首创。在常规育种中，游离小孢子技术既可以促进隐性基因的选择，又可以缩短育种时间。同时，通过小孢子培养技术构建的双单倍体（double haploid，DH）群体是用于分析形态性状、生理性状及分子标记性状的遗传和遗传绘图的良好材料。小孢子培养还是生物工程研究中的重要内容。以小孢子作为外源基因的受体可以有效地得到转基因花粉植株。与通常的外源基因受体细胞原生质体相比，游离小孢子群体直接来自供体植株，不但避免了长时间的建立悬浮系过程，而且还避开了长期离体培养可能带来的不定变异和再生植株育性不稳定等问题，并且由于小孢子具备单细胞特性，培养成的植株是单倍体，只有配子染色体数，当外源基因导入后，经过自发加倍或人工加倍，可以最大限度地降低转基因植株的嵌合性和杂合性。因此小孢子是基因工程的理想受体。已有试验证明小孢子上存在的萌发孔可以作为分子和外源基因进入小孢子的通道。

具体来讲，我们看到游离小孢子培养具有以下 6 个方面的应用前景。

（1）游离小孢子培养技术是在单细胞水平上获得 DH 纯系的方法，基因型反应范围较宽，小孢子胚诱导率较高，可在 1~2 年内获得优良自交系和自交不亲和系，用于育种可大大缩短育种年限，从而提高育种效率（图 1-4）。

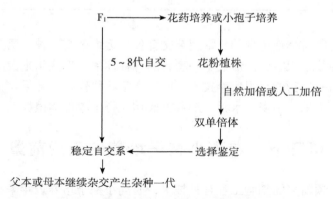

图 1-4　杂交育种与单倍体育种的周期比较

（2）小孢子诱导形成的 DH 株系隐性性状易于表达，植株有单倍体、二倍体、多倍体等多种类型，将为遗传分析和分子标记育种提供各类研究材料。

（3）小孢子具有单细胞单倍性、群体数量多、自然分散性好、不受体细胞干扰、便于遗传操作等优点，可直接诱发突变并进行抗病和抗逆基因筛选。

（4）小孢子和小孢子胚是植物基因工程的理想受体，可用于遗传转化得到纯合、性状稳定的转化株，具有广阔的应用前景。

（5）小孢子培养受植物种类和基因型的限制，部分材料胚诱导率仍然很低，难于在实际中应用，另外，小孢子启动分裂和诱导成胚以及染色体自然加倍的机理研究较少，有待于进一步加强。

（6）游离小孢子培养首先得到单倍体植株，然后通过自然或人工加倍得到双单倍体，双单倍体植物的基因型与表现型一致，可用于遗传分析、遗传图谱的构建和分子标记等基础研究，也可用于育种材料的创新和新品种的选育等应用研究。依据成熟的游离小孢子培养技术可以缩短育种进程，同时结合传统的育种方法可以提高育种效率。因此游离小孢子培养已展现出广阔的应用前景。

第二章 游离小孢子培养技术

与花药培养相比，游离小孢子培养技术的效率更高，并能够排除花药壁组织的影响。因此，游离小孢子培养技术自被创建以来，始终在不断前进和飞速发展。近年来，这一技术更是得到了国内外科研工作者的改进和优化，在基础研究领域和育种工作中均获得了更加广泛的应用。本章我们就游离小孢子培养技术的原理及功能、培养体系构建、培养技术的应用等展开层次、逐一阐述。

第一节 游离小孢子培养基本原理及其功能

游离小孢子培养，也称花粉培养，是指不需要经过任何形式的预培养，可以直接从花蕾或花药中获得游离、新鲜的小孢子植株群体而进行离体培养的方法。此项技术是在进行花药培养时创建和发展起来的。

一、游离小孢子培养的基本原理

小孢子是高等植物生活史中雄配子体发育过程中短暂而重要的阶段，是减数分裂后四分体释放出的单核细胞。在被子植物中，通常把从四分体释放到发育形成成熟花粉之前的雄配子体称为小孢子。就绝大多数植物而言，单核晚期（单核靠边期）是小孢子培养的最佳时期，此时的小孢子具有胚性，呈圆形，有明显的大液泡存在。

（一）小孢子的形成过程

花粉是高等植物有性生殖过程中的一个重要而特殊的阶段。在高等植物的花粉发育过程中，位于花粉囊内的造孢细胞首先分裂形成多个花粉母细胞，即小孢子母细胞。之后每个小孢子母细胞经两次连续的分裂，产生4个子细胞。由于该过程中每个小孢子母细胞的DNA只复制一次，而细胞却进行了两次分裂，所以产生的4个子细胞均为单倍体细胞。我们将这4个单倍体细胞称为"小孢子"（图2-1）。

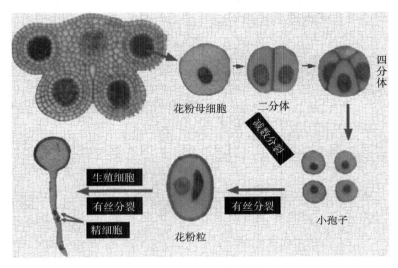

图 2-1　小孢子的形成

在它们刚形成、没有分离之前称为四分体，所以此时也称为小孢子四分体时期。小孢子四分体被共同的胼胝质壁包围，而且各小孢子之间也有胼胝质分隔。当小孢子从四分体释放后，各自分离，每个小孢子具有一层薄薄的外壁，细胞核位于细胞的中央，即单核居中期小孢子。之后小孢子进一步发育形成明显的外壁，同时细胞体积迅速增大，液泡出现。随着细胞体积的不断增大，小孢子的细胞质发生液泡化，液泡充满了小孢子腔，细胞核被挤压到靠近细胞壁的特定位置，称为单核靠边期小孢子。之后小孢子沿正常的配子体发育途径会发生 1~2 次有丝分裂：小孢子经第一次有丝分裂形成一个营养核和一个生殖核，即为双核期小孢子，随后两核间形成明显的弧形细胞板，将小孢子分裂为两个高度不均等的细胞，所以此次分裂过程也称为不对称分裂。大部分植物（约70%的被子植物）的成熟花粉中只含有一个营养核和一个生殖核，这些植物的花粉通常被称为二核花粉；还有些植物如大白菜、水稻等，它们还要进行第二次有丝分裂，将生殖细胞对称地分裂形成两个精子，包含一个营养核和两个精核的成熟花粉粒就此形成，这样的花粉通常被称为三核花粉。

综上，按照细胞中细胞核的数量、位置等细胞学特征，可将花粉发育过程依次分成几个阶段，分别是单核早期（四分体时期）、单核中期（单核居中期)、单核晚期（单核靠边期）、第一次有丝分裂期、双核期、第二次有丝分裂期和花粉成熟期（图2-2）。

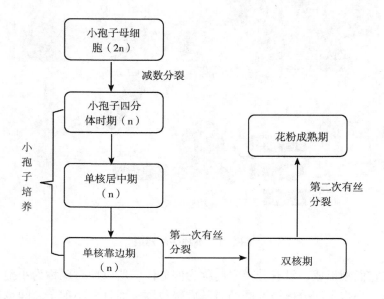

图2-2　花粉的发育阶段

从严格意义上讲，小孢子只包括从四分体释放到第一次核有丝分裂时期的细胞，"小孢子培养"单指单核期花粉培养。而花粉培养实际上囊括了花粉发育的全过程，包括单核期花粉培养、双核期花粉培养和成熟花粉培养三种。虽然如此，但在实际培养工作中，由于花粉培养以小孢子培养为主，所以我们还是会经常将花粉培养与"小孢子培养"进行通用。

（二）小孢子的胚胎发生

游离小孢子培养是依据细胞全能性的原理实现的。在植物花粉发育过程中，小孢子会沿着配子体发育途径通过不对称核分裂后发育形成成熟的花粉粒。如果给予合适的离体条件培养，小孢子能偏离正常的配子体发育途径转为孢子体发育途径，经反复细胞分裂形成愈伤组织或者诱导分化形成小孢子类胚结构的胚状体，最后获得再生的单倍体植株。小孢子由配子体发育途径转向孢子体发育途径的过程称为小孢子胚胎发生，也称雄核发育。小孢子胚的发生在形态学、细胞学和分子生物学等方面与合子胚的发生相类似，但胚胎发生的过程和胚的性质完全不同。小孢子能否顺利进入胚胎形成过程是游离小孢子培养中的关键环节。

小孢子是如何被激发进入孢子体发育途径，其机理至今尚未明确。目前普遍认为胁迫是诱导小孢子胚胎发生的外在关键因子。胁迫信号的出现阻断了花粉的正常发育，致使小孢子形成无功能的败育花粉，败育的花粉在合适的离体条件下能发育成胚。胁迫处理包括对供体植株进行的饥饿、低温或短日照处理；对花序、花蕾或花药进行的冷激、热激或化学处理等，所有这些方法都极大地促进了小孢子胚胎的形成。目前比较常用的胁迫方式有热激预处理、低温预处理、饥饿预处理和秋水仙素预处理及高 pH 值等，如十字花科植物中的高温热激处理、禾本科类小麦和茄科类烟草的饥饿处理等，在小孢子培养中均起到了较好的诱导效果。

对于胁迫诱导小孢子胚胎发生曾有以下两种不同的观点。

（1）在花粉发育过程中会产生两种不同的花粉，除正常花粉外，有一种叫胚性花粉（E 性或者 P 性花粉粒），胚性花粉的营养核和生殖核经有丝分裂导致胚胎形成。这种胚性花粉在饥饿条件下数量会大量增加，在适当的培养条件下又能够恢复细胞分裂，形成小孢子胚。

（2）在花粉发育的第一次有丝分裂前，如果给予小孢子足够的内、外因素作用，刺激细胞产生均等分裂，即可促进小孢子胚数的大量增加，诱导小孢子胚胎的发生。有研究证实，在油菜花粉发育的第一次有丝分裂前，使用秋水仙碱可诱导小孢子均等分裂，产生大量小孢子胚。此外，在大白菜小孢子培养开始的 12h 内，用 33℃的热激处理，也可诱导细胞进行均等分裂，改变小孢子的发育途径。

（三）小孢子胚胎发生的细胞形态学特征

Maraschin 等（2005）将游离小孢子胚胎形成的整个过程划分为 3 个典型的阶段，一是小孢子在外界胁迫条件下获得胚胎发生的能力，即形成胚性小孢子的阶段；二是胚性小孢子进行分裂形成有孢子壁包裹的多细胞结构的阶段；三是从孢子壁里释放出来的类胚结构按合子胚发育模式发育成胚的阶段。

1. 小孢子获得胚性潜能阶段

小孢子正常发育方向沿着配子体发育途径通过不对称核分裂后发育成花粉，而要使小孢子发育成胚，就要阻断原有的配子体发育方向，使小孢子转入孢子体方向发育进行对称性分裂。对称性分裂是诱导小孢子获得胚胎发生能力的关键。

在分离小孢子前，先对花蕾进行一定的低温预处理，可以提高小孢子诱导成胚的效率。芸薹属植物主要采用低温预培养方法，即将选取的花序浸在水或 MS 液体培养基中，在 4~7℃条件下培养若干天后再分离小孢子进行培养。王亦菲等（2002）对油菜游离小孢子进行了低温预处理研究，发现在 4℃低温下培养 1~2d 对小孢子脱分化启动最为有利。冷激预处理的时间要适宜，时间过长则小孢子活力降低；时间过短或采集花蕾后直接跳过冷激预处理阶段进行培养，此时小孢子活力虽高，但脱分化频率却很低。顾宏辉等（2004）观察低温预处理对白菜型油菜小孢子培养的影响后发现，在 4℃下低温预处理虽不能提高小孢子培养的出胚量，但可以明显改善胚状体形状，使正常胚比例获得明显提高。冷激处理对诱导小孢子胚状体形成的确切作用机制尚不清楚，可能与处理后产生的特异蛋白有关。

小孢子分离纯化后，在进行正常温度下的培养之前，先在高于正常培养温度条件下培养一段时间，以达到改变小孢子细胞生理状态、分裂方式和发育途径，提高小孢子培养效率的目的，这种方法称之为热激处理。自 1997 年 Keller 和 Armstrong 首次利用热激处理提高了甘蓝型油菜花粉胚诱导率以来，该法被广泛应用于植物的游离小孢子培养。试验证明，接种后将小孢子置于 30~35℃高温条件下，暗培养 1~2d，可获得较为理想的胚状体诱导效果。热激处理在芸薹属植物尤其是大白菜游离小孢子培养中效果良好。

在外界胁迫下小孢子将拥有胚性，而后自身的形态会发生一些有规则的变化，比如，我们可以观察到其细胞核会向中央区域转移、整个细胞体会变大等。与此同时，我们还能够发现细胞质形态、淀粉粒的大小与数目、核糖体总数目等亚细胞器结构方面产生的变化。正是这种变化，使小麦、玉米、烟草、水稻等作物在一定时间产生了星型小孢子。

影响胚胎发生的最主要细胞器是微管，它在细胞核移向中央区域时充当着重要角色，参与细胞分裂的过程，还对细胞分裂面起着决定性的作用。国内外已经有大量研究发现，在只使用秋水仙素（一种抗微管物质）的情况下，小孢子胚能够被成功诱导出胚。此外，小孢子核向中央移动时，细胞骨架也会发生变化。有研究发现，在热激或低温等预处理条件下，甘蓝型油菜小孢子就出现了细胞骨架的重排。因而，微管的变化和细胞骨架的重排，也是小孢子获得胚性的重要标志。

2. 孢子壁包裹的多细胞结构形成阶段

经过第一阶段，小孢子将迎来第二个发育阶段，即通过分裂由单细胞结构发育成多细胞结构，且这个多细胞结构是由孢子壁包裹的。通常，按照小孢子首次减数分裂的不同状况，可划分为营养细胞反复分裂、小孢子核均等反复分裂、核融合3种分裂途径。

（1）第1种分裂途径是指双核期小孢子的分裂过程，其营养细胞核先是均等分裂，随后会发生反复分裂，进而发育成小孢子胚状体；这种分裂途径最早是在烟草的花药培养中发现的，研究发现，在毛叶曼陀罗、油菜、小麦等作物中也有类似途径。

（2）第2种分裂途径指单核期小孢子发生核对称的均等分裂，其分裂出的两个细胞核又会继续分裂形成多核体，最后形成多细胞团。这种细胞分裂方式在小孢子培养中是很常见的。其最早也是在烟草的花药培养中发现的。

（3）第3种分裂途径中，小孢子细胞通过核融合使染色体加倍，或者直接形成单倍体。此时，可能发生的是"1+1"的"单倍体生殖细胞+单倍体营养细胞"，也可能发生的是"1+1"的"单倍体营养细胞+单倍体营养细胞"。

至于胚性小孢子究竟会选择哪种分裂途径，许多学者通过研究发现，这可能与其所经历的胁迫诱导方式有关。经过低温预处理后，小孢子更可能采用第一种途径；而直接进行游离培养的时候，则主要是采用第二种途径。

3. 类胚结构分化发育形成胚胎阶段

经过前两个阶段的发育，小孢子形成了类胚结构，同时在第二阶段脱离了孢子壁后继续发育。这个新的发育阶段与合子胚非常相像，从形态上二者均可看到球形胚、心形胚、子叶形胚等，从器官分化上看，二者的各器官分化时期也相似。但是，在胚胎形成初期，小孢子的细胞分裂方式同合子胚存在差异。合子胚的胚轴在开始的不均等分裂时期就确定了下来，而小孢子胚是在表皮分化的过程中，才由类胚结构逐渐发育形成。这个差异也说明了在胚胎形成的机理方面，小孢子胚与合子胚虽然存在相似性，但也有着较大的区别。

二、游离小孢子培养的功能

植物游离小孢子培养具有快速纯合基因型、促进植物体胚发生、突变育种、分子标记辅助育种和用于基因工程研究等重要功能。具体如图2-3所示。

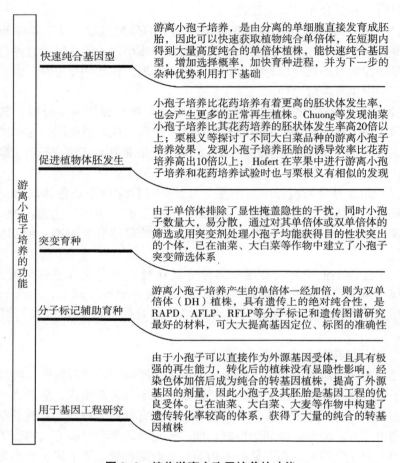

图 2-3　植物游离小孢子培养的功能

第二节　游离小孢子培养体系构建

　　游离小孢子培养的影响因素，在外因方面有培养基成分、培养条件、外源激素的种类、糖的浓度等；在内因方面则主要有供体植株的基因型、小孢子发育时期等。不论是哪种植物的游离小孢子培养，其培养体系都主要包括花蕾的选择和采集、材料的清洗和消毒、游离小孢子的获得、培养基的选择、游离小孢子的培养、胚诱导再生植株、胚成苗、继代培养和生根移栽等（图 2-4）。本节我们就对这些内容进行详细探讨，这也将为后面章节的研究打下基础。

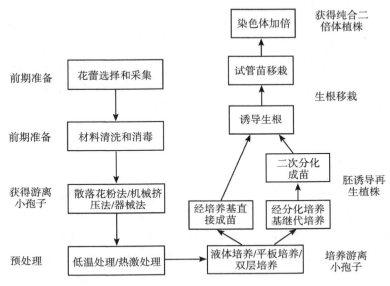

图 2-4　游离小孢子培养体系构建

一、花蕾的选择和采集

通过对大量不同植物小孢子发育时期与花器官形态相关性的研究，发现小孢子发育进程与花器官性状密切相关。通常，不同小孢子发育时期在花蕾大小、花药发育等方面差异显著，由此可作为判断小孢子发育阶段的外在形态依据。袁建民等（2016）研究发现，青花菜小孢子发育时期与花蕾大小和花药颜色等指标密切相关。供试青花菜花蕾纵径为 10.52~11.05mm，横径为 3.64~4.25mm，花药长度为 2.85~2.87mm，花药宽度为 0.95~0.96mm，且花瓣微露出花萼，花瓣和花药均为淡黄色时，80%以上的小孢子发育至单核靠边期。张菊平等（2007）研究发现，辣椒小孢子发育各时期特征明显，且与花蕾的外部形态特征、花药颜色密切相关。供试辣椒品种的小孢子处于单核靠边期时花蕾纵径在 4.253~5.074mm，花蕾横径在 4.191~5.367mm，花瓣与花萼等长或稍长，花药长度在 2.020~2.565mm，花药宽度在 0.982~1.417mm。

小孢子所处发育阶段是影响小孢子培养能否诱导出胚的关键。只有在特定发育阶段的小孢子才能感受外界刺激进而诱导其由配子体发育转向孢子体发育。前人研究发现，小孢子所处发育期过早，对启动雄核发育所需要的环境条件更为严苛，因而很难诱导成胚；取材过晚，小孢子又会因太过成熟而丧失脱分化能力，培养同样不能取得成功。对多数植物而言，小孢子的最佳诱导时期为单核晚（靠边）期。孙丹等（2005）报道处于单核晚期的大白菜小孢子出胚量最高。詹艳等（2009）发现黄瓜小孢子培养的最佳时期是单核靠边期。相同的研究结论，还在甘蓝（张恩慧等，2012）、辣椒（González-Melendi，1995）、青花菜（袁素霞，2010）等不同种类作物上获得了证实。

二、材料的清洗和消毒

通常采集来的材料都带有各种微生物，它们一旦与培养基接触，就会很快繁殖造成培养基和培养材料的污染，故在培养前必须进行严格的清洗和消毒处理。采集回来的材料视其清洁程度，可先用自来水流水冲洗5min，然后用中性洗衣粉液清洗，再用自来水流水冲洗30min。清洗过程中注意不要损伤试验材料。

药剂灭菌法适用于培养材料的表面消毒，常用的消毒剂有75%酒精、次氯酸钙（漂白粉）、次氯酸钠、氯化汞（$HgCl_2$，升汞）等。消毒所需药剂种类、浓度和时间长短依外植体不同而异，原则上要求既达到灭菌目的，又不能损伤植物组织和细胞。通常幼嫩材料处理时间比成熟材料要短些（表2-1）。

消毒后需用无菌水充分清洗。对于一些具有特殊生物性状的植物材料有时需要采用特殊的处理。表面具有蜡质或角质层的材料，在药剂灭菌时加入少量表面活性剂常可收到良好效果。对器官外植体灭菌通常采用多种消毒剂配合使用方法，以期收到良好的灭菌效果。如果外植体表面污染比较严重，则需用自来水冲洗1h或更长的时间，也可先通过种子培养获得无菌种苗，然后再利用其各部分进行组织培养。

表2-1 常用消毒剂的使用和效果

消毒剂	使用浓度*	消除难易	消毒时间（min）	灭菌效果
次氯酸纳	2%	容易	5~30	很好
次氯酸钙	9%~10%	容易	5~30	很好
漂白粉	饱和溶液	容易	5~30	很好

（续表）

消毒剂	使用浓度 *	消除难易	消毒时间（min）	灭菌效果
升汞	0.1%~1%	较难	2~10	最好
乙醇	70%~75%	容易	0.2~2	好
过氧化氢	10%~12%	最易	5~15	好
溴水	1%~2%	容易	2~10	很好
硝酸银	1%	较难	5~30	好
抗生素	4~50mg/L	中等	30~60	较好

注：* 为质量分数

消毒的一般程序：外植体—自来水多次漂洗—消毒剂处理—无菌水反复冲洗—无菌滤纸吸干。在游离小孢子的培养中，通常做法为将采集的花蕾用流水冲洗，沥干水分，经 70%乙醇溶液表面消毒 30s 后，用 0.1%HgCl$_2$溶液消毒 8min，无菌水洗涤 3 次，每次 5min。

三、游离小孢子的获得

在进行完前期的准备阶段后，就可以采用某种特定的方法来获得游离小孢子了。这一阶段是游离小孢子培养的关键，通常研究者会从以下 3 种方法中选择一种进行操作。

1. 散落花粉法

直接接种于培养基中的花药，一段时间后会自动开裂，此时可以将花药移走继续培养，也可以通过离心收集花粉后再继续培养。对于某些植物，此方法比机械分离法有利。

2. 机械挤压法

将备用花蕾放到添加了少量培养基的研钵中，通过碾磨让花药中的小孢子脱离，再使用不锈钢网或尼龙网将小孢子游离液中的小孢子与不相关组织分离开，得到小孢子悬浮物，以低速离心法沉淀小孢子。最后，使用分离溶液、培养液对小孢子进行反复清洗，悬浮于培养基中进行培养（图 2-5）。

3. 器械法

常规的手工方式存在着耗时耗力的缺点，因此不少研究者开始尝试使用器械对小孢子进行分离获得。目前研究中使用的分离机器有小型搅拌器和超速旋切机两种，通过机器可以快速将小孢子从花药中分离，并游离到培养基

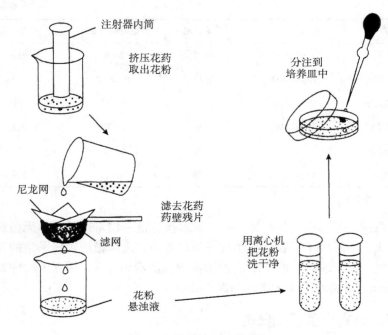

图 2-5　机械挤压法的流程

溶液中。此法要注意机器的速度设置，以防损坏游离小孢子。

四、培养基的选择

　　根据分类标准的不同，培养基可以被划分成不同的类别，常见的分类标准包括无机盐的浓度、培养物的培养过程、作用及营养水平等。目前，培养基的配制主要有两种方法，一种是购买商品化的培养基粉剂，按照使用说明进行溶解、过滤，再进行分装灭菌；另一种是购买不同的试剂，先配制出不同成分试剂的母液（100 倍），再按照不同的比例进行混合，最后进行分装灭菌。比较而言，前者更加简单快捷，逐渐成为研究人员的首选。

（一）培养基的主要成分

　　作为离体植物组织的培养场所，培养基为其提供了生长发育所必需的各种营养成分，主要包括无机盐类、碳源、维生素、有机附加物和生长调节物质。具体如下。

　　（1）无机盐类。主要由大量元素（硝态氮、磷酸盐和硫酸盐、钾等）

和微量元素（碘、锰、锌、钼、铜、钴、铁等）两部分组成，主要维持离子浓度平衡、胶体稳定及电荷平衡。

（2）碳源。包括蔗糖、葡萄糖和麦芽糖，其中蔗糖应用最多，它的主要作用是为细胞合成新物质的提供碳骨架；为细胞的呼吸代谢提供底物和能量，弥补其光合作用的不足；维持培养基的渗透压。

（3）维生素。主要为 B 族维生素，能够促进外植体的发育，其中，效果最好的 B 族维生素有硫胺素（维生素 B_1）、盐酸吡哆醇（维生素 B_6）、烟酸（维生素 B_3）、生物素（维生素 H）、泛酸钙（维生素 B_5）、钴胺素（维生素 B_{12}）、叶酸（维生素 B_c）和维生素 C 等。

（4）有机附加物。最常用的包括酵母提取物、番茄提取物、马铃薯煮汁、椰子汁等天然有机物，各种氨基酸（Gly、Asn、Gln）、肌醇和琼脂等。

（5）生长调节物质（植物激素）。植物激素是在植物体内合成的，对植物生长发育有显著调节作用的微量有机物，主要用于诱导细胞分裂、脱分化和再分化。常用的植物激素大致包括 3 类，一是吲哚乙酸（IAA）等生长素类，二是玉米素（ZT）等细胞分裂素，三是赤霉酸（GA_3）为一种赤霉素。

（二）常用培养基的特点

对于任何作物来讲，培养基的选择都是非常重要的。在游离小孢子培养中，培养基也起着不可替代的作用。下面我们就来介绍几种常用的培养基，并就其特点加以阐明。

（1）MS 培养基。MS 培养基最显著的优点是硝酸盐、钾和铵的含量高，不仅能够促进培养物的矿质营养吸收，还能够加快愈伤组织的生长。同时，高离子浓度也使培养基在配制、保存等过程中不易变质。

（2）B5 培养基。B5 培养基的主要特点是含有较低的铵，因为铵可能对不少培养物的生长有抑制作用。试验发现，有些植物的愈伤组织和悬浮培养物在 MS 培养基上生长得比 B5 培养基上要好，而另一些植物，在 B5 培养基上生长更适宜。

（3）N6 培养基。N6 培养基特别适合于禾谷类植物的花药和花粉培养，在国内外得到广泛应用。

（4）NLN 培养基。一般 pH 值为 5.8~6.0，小孢子提取液采用 B5 培养液，诱导小孢子胚状体产生用 NLN 培养基。在芸薹属植物游离小孢子培养中，最常用的基本培养基是 NLN 培养基。与 MS、B5 等培养基相比较，NLN 的主要特点是大量元素含量较低，低离子浓度的培养基有利于小孢子胚状体的发生。

五、游离小孢子的培养

获取小孢子后，可以将其悬浮液分装到多个培养皿中，用封口膜封口。之后选择适当的预处理方式进行预处理，以使其花粉植株的诱导率明显提高。再以适合的培养途径进行培养，游离小孢子的培养途径主要包括液体培养法、平板培养法、双层培养法3种。

（一）游离小孢子预处理

由于对培养材料进行预处理，可以诱导小孢子尽快脱离母体，所以，通常我们都会选用某种可行的方法来进行花药/花粉的预处理。比较常用的预处理方法包括低温预处理、高温预处理、甘露醇预处理等。

在大多数情况下，我们都会使用低温预处理的方法。可以将小孢子用湿纱布包裹起来，放入塑料袋内，再存入冰箱中。不同植物的花药/花粉适宜低温预处理的时间、温度都不同，从表2-2可以具体看到不同作物最适宜的处理条件。

表2-2　一些植物花药和花粉低温处理的温度和时间

植物	处理温度（℃）	处理天数（d）
水稻	7~10	10~15
小麦	1~3	7~14
玉米	5~7	7~14
大麦	3~7	7~14
番茄	6~8	8~12
烟草	7~9	7~14
黑麦	1~3	7~14
毛叶曼陀罗	1~3	7~14

（二）游离小孢子培养途径

游离小孢子的培养，主要有以下3种途径。

（1）液体培养法。其是花药/花粉悬浮在液体培养基中进行培养的方法。这种方法能够保证花粉细胞与培养液充分接触，但应当注意培养物的密度，适宜密度为 $10^4 \sim 10^5$ 个/mL。如果密度过小，会导致通气不良，生存活力下降，严重的话则会死亡。

（2）平板培养法。将花药/花粉接种到琼脂固化培养基上进行培养，可诱导其产生愈伤组织或胚状体，再生花粉植株。这种培养方法非常简单方便，但应注意做好预处理。

（3）双层培养法。这种方法顾名思义，是要使用双层培养基，一是固相，二是液相。其制作方法为：将灭菌后的液态琼脂培养基倒入灭菌的培养皿中，每皿铺约 2mm 厚，待完全凝固后，在其上接种 1mm 厚的花粉细胞悬液，接种量以铺满固相层为宜。

（三）游离小孢子培养的基本步骤

（1）分装。利用刻度滴管或移液枪，将小孢子悬浮液分装到一定规格的培养皿中，通常选取的培养皿为 60mm×15mm，每皿分装 2mL，之后用封口膜封口。

（2）预处理。分装后的培养皿可放入恒温培养箱中高温培养一定时间，或者放入冰箱中低温处理一段时间。

（3）培养方式选择。预处理后可进行静置培养或摇床培养等。

（4）观察。可以在培养的前几天取少量材料观察，具体方法为在无菌条件下，用无菌吸管从培养皿中取少量小孢子，滴在载玻片上，放到显微镜下进行观察和记录。如果有倒置显微镜更加方便，可以直接将个别培养皿置于显微镜下观察，但是要注意此时培养材料不宜过多取出，光照时间也不能太长，否则会对培养的小孢子造成伤害，不利于游离小孢子的培养。

六、胚诱导再生植株

接种时小孢子为圆球形，经过预处理后，小孢子会逐渐膨大、分裂，大概八九天后会形成幼胚，而后发育成不同形状的胚体。常见的胚体有球形胚、心形胚、鱼雷形胚、子叶形胚等，当然，也有一些没有发育好的畸形胚。不同形状的胚体在同一培养基的作用下，具有不同的再生植株能力。一般来讲，子叶形胚、鱼雷形胚的发育最好，球形胚、畸形胚最差，甚至难以形成小孢子再生植株。

胚状体在 NLN 液体培养基中的培养时间对胚成苗的影响很大。有学者发现，在液体培养基里培养 14d 和 21d 的大白菜胚状体，在 MS 固体培养基上发育迟缓，其中培养 14d 的没有幼苗产生，培养 21d 的成苗率分别为 85% 和 81.6%，而滞留时间为 28d 和 35d 的胚，在固体培养基上的成苗率分别为 11.3% 和 35.3%，与前者相比差异显著。一般认为，胚状体在液体培养基中培养 20~25d 后，转接到固体分化培养基中成苗的效果最好。

一般胚成苗培养基采用 MS 或 B5 培养基。甘蓝类蔬菜上通常采用 MS 培养基，在 25℃、16h 条件下培养 20d 后即可发育成小植株。在青花菜上，有学者认为 MS 培养基比 B5 培养基更容易诱导形成质量不好的胚。

七、小孢子试管苗的继代培养

为了获得品质优良的小孢子植株，需要尽可能使小孢子胚发育健全。但不可避免的，有一些小孢子胚发育不良，无法直接成苗。这时，我们可以将它们转移到分化培养基上，进行继代培养。在游离小孢子的培养中，继代培养是必不可少的环节。继代培养主要是利用顶芽或腋芽诱导丛生芽，加大繁殖系数，通过二次分化获得小孢子植株。

高等植物的每一个叶腋中通常都存在着腋芽，但在整体植物上由于顶端优势效应，多数腋芽生长受到内源激素的抑制。将顶芽或腋芽接种在加有适量细胞分裂素的培养基上，腋芽可以不断地分化和生长，逐渐形成芽丛。将其反复切割和转移到新的培养基中进行继代培养，就可以在短时间内得到大量的芽。促进顶芽或腋芽生分枝的方法能够在一定程度上保持某一作物的遗传稳定性，而且繁殖速度快，也是通过茎尖培养脱病毒的必由之路。

后续，经继代培养得到大量丛生芽苗后，可以在无菌条件下去除大叶片，取长 2~3cm 的顶芽或腋芽部分，移入添加不同浓度 NAA 0.05~0.2 mg/L 的 MS 培养基上，蔗糖 3%，琼脂 0.8%，pH 值为 5.8，25℃ 光照培养。30d 后，将通过壮苗培养获得的大量无根试管苗，当茎高为 1.5~2.0cm 时，从茎的基部剪断，转移到生根培养基中以促进其生根，形成植株。

在愈伤组织继代培养中，培养基成分、培养条件和褐变直接影响材料的生长速度，尤其是褐化对继代培养的影响明显，能否有效控制褐变对继代培养有着重要影响。

近几十年以来，游离小孢子的培养技术日臻完善，但育种实践方面仍存在不足，其中之一就是由于小孢子试管苗需要在光照、pH 值均适宜的培养室内反复继代培养几轮，才能将再生苗移植到大田里。这对遗传的稳定性构成了威胁，通常随着继代时间和次数的增加，染色体的变异率有所增长。为此，国外研究者有建造大型人工气候室进行小孢子苗培养的情况，但这样做的建造成本和维护费用均很高，不适用于中国大多数科研单位和企业。目前有学者研究采用植物水培技术，通过使用营养液向植物提供生长所需的水分和养分，使作物能够正常生长并完成其整个生命周期，这不失为一种新的研究方向。

八、小孢子试管苗的移栽

小孢子试管苗由于长时间在恒温、无菌、高湿等条件下生长发育，产生了一些不同于温室和大田植株的形态和生理特性，包括根系不够发达、叶表保护组织不够强大等，很难一下子适应外界复杂的生长环境。因此，小孢子试管苗在移栽到大田之前，需要在具有较强散射光的实验室内度过一段适应期。我们将这个阶段称为驯化或炼苗。研究表明，经过炼苗，小孢子试管苗的成活率更高。

通常，小孢子试管苗需要在实验室内锻炼1~2d，而后移栽到营养钵中。在移栽前应当用水浇透基质，并将苗根周围的琼脂清洗干净，移栽后叶面喷水，开始一周用塑料薄膜覆盖，仔细照料空气湿度，使保持85%左右，但不必浇水（以免水分过多烂根），1周后去掉薄膜，10d后逐步加大通风，并适时浇水。如果需要统计成活率[①]，可以在21d后进行。

小孢子试管苗经过驯化，能够增强叶表的保护组织生长，产生表皮毛，通过气孔自动调节功能减少水分流失，促进新根生，以适应环境。近年还发现，在植物培养基中加入多效唑PP333、二甲基氨基琥珀酰胺酸B9、矮壮素CCC等生长延缓剂，有助于壮苗培养，提高移栽成活率。

总的来说，试管苗移栽成活率会受到温度、湿度、光照、移栽容器等因素的影响。具体可从图2-6中看出。

九、染色体加倍技术

单倍体植株不能正常结实，只有经过染色体加倍，育性才能恢复，进而获得遗传上的纯系。经小孢子培养得到的单倍体植株，如何加倍成为纯合的二倍体植株，对于将小孢子培养技术真正用于实际的育种工作中至关重要。有些芸薹属蔬菜自然加倍率很高，如白菜由小孢子培养得到的植株无需人工加倍处理，有自然加倍成为二倍体植株的特点，但一般的芸薹属蔬菜小孢子

---

① 植株成活率的计算公式为：植株成活率=（成活小苗数/移栽小苗数）×100%。

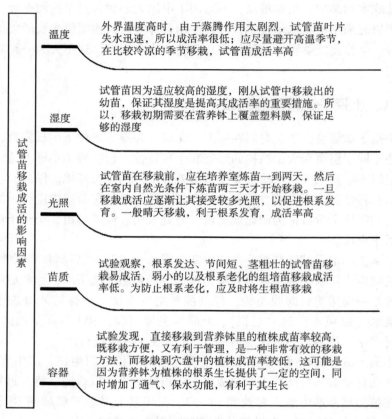

图 2-6 试管苗移栽成活的影响因素

植株只有 20%~30% 的自然加倍率，需人工诱导。

使用秋水仙素是目前最通用、效果最好的人工加倍方法，不仅可得到纯合二倍体，还可得到多倍体和混合体。使用浓度（一般在 0.02%~0.40%）、范围、处理时间、处理方式和部位因不同植物而异。例如，可以将再生小植株从试管中取出，在无菌条件下用过滤除菌的秋水仙素溶液直接浸泡，然后用无菌水洗净，再转至新鲜培养基中培养。对于生长在田间的单倍体植株，可将适宜浓度的秋水仙素调和在羊毛脂中，然后将该羊毛脂涂抹在单倍体植株的顶端分生组织和次生分生组织上诱导细胞染色体加倍，或将秋水仙素配成水溶液，用蘸满溶液的棉球置于顶芽和腋芽上诱导分生组织细胞染色体加倍。这两种方法均需加盖塑料布以防蒸发。此外，还可将单倍体植株的任何一个部分作为外植体，使其培养在附加一定浓度秋水仙素的培养基中诱导成株，在植株再生过程中可使染色体加倍。禾本科单倍体植株的加倍一般采用加有1%~2%二甲基亚砜（DMSO，助渗剂）的秋水仙素溶液浸泡分蘖节的方法。

十、再生植物倍性鉴定技术

经游离小孢子培养获得的再生植株群体，往往是由染色体倍性水平不同的植株组成的混合群体，除自然加倍的双单倍体（DH）外，还可能有单倍体、三倍体、多倍体以及嵌合体等，需对其倍性进行鉴定。通常，我们可以通过形态学、解剖学、细胞遗传学鉴定，以及测定DNA含量的方法来确定小孢子再生植株的倍性。接下来，我们具体介绍几种常见的小孢子再生植株倍性鉴定方法。

（一）植株形态学鉴定

在小孢子再生植株的倍性研究中，第一步就是要对植株形态进行详细记录，包括植株的生长趋向、器官大小、发育状况等，其中有些因素是鉴定植株倍性的重要指标，能够作为鉴定植株倍性的重要依据。从外部形态进行鉴定的方法是最省时省力的。通常，和二倍体植株相比，单倍体植株的形态更小，活力更弱。

如图2-7所示，二倍体植株要较单倍体植株壮硕，不管是叶片还是花瓣大小，单倍体植株都更小巧。同时，单倍体植株的叶片色泽也较浅。而双单倍体植株与正常的二倍体植株则不易区分，因为它们在形态上非常相似。只是双单倍体植株对于病虫害的抵御能力更弱。

n为单倍体；2n为双单倍体；3n为三倍体；4n为四倍体；8n为八倍体

图2-7　不同倍性小孢子再生植株的田间表现

（二）流式细胞仪测定

运用流式细胞仪，能够快速测定小孢子再生植株中单个细胞核的DNA

含量，并标明细胞在整个生长周期中所处的位置。相比于肉眼的形态鉴定，流式细胞仪能够在同一时间内处理上万个细胞，并直观呈现 DNA 含量分布图。无论在植株生长的哪个阶段，流式细胞仪都能发挥应有的作用。

不过在实际作业中，流式细胞仪的使用并不普遍。这主要是因为其造价高昂（每个样品的测定成本大约为 2 美元），对于那些需要鉴定大量植株样品的单位而言，成本过高。

（三）根尖染色体数目鉴定

在实际处理中，还可以采用直接压片法观察植株根尖染色体数目，进而确定其倍性。取小孢子再生植株的粗壮根系，经 1~2d 的低温预处理后，用一定量盐酸在高温条件下解离。之后从根尖处取下适量材料，进行压片，最后在显微镜下观察染色体数目。

相对而言，染色体数目观察法所获得的数据是最为准确的。但是由于需要大量人力对每个植株进行染色体观察，鉴定效率会有所下降。综上，在鉴定植株倍性方面，最好将 3 种方法结合使用。根据不同的目的和要求，灵活选择适宜的鉴定方法。

第三节　胚状体发生发育机理及植株再生影响因素

根据细胞全能性理论，每个小孢子都能够诱导胚状体发生发育，但在实际操作中，只有那些处于一定发育状态的小孢子才能够由配子体发育为孢子体，进而形成胚状体。虽然近几十年的研究使小孢子培养体系日渐优化，但对于顽强型基因型的胚诱导效果仍旧不理想。本节我们就小孢子胚状体的发生发育机理展开探讨，并对影响植株再生的主要因素加以分析。

一、胚胎发生能力的基因调控

小孢子的胚胎发生能力受到基因型的强烈影响，这一点已经在学界达成统一。近年来，大家将研究重点放在如何控制小孢子胚胎发生的遗传机制上。

大量研究表明，白菜小孢子胚胎发生能力受到核基因的调控。有学者研究发现，白菜高胚胎发生能力是具有加性效应的显性遗传，且显性效应大于化性效应。在一项对白菜 F_2 群体的 56 个单株进行遗传分析的研究中发现，有 7 个与大白菜小孢子胚胎发生能力连锁的 RAPD 标记，并锁定了 2 个主要的染色体区域。

相类似的结论也在芸薹属其他作物（结球甘蓝）的研究中获得。研究发现，用高出胚率的结球甘蓝与低出胜率材料杂交，无论正反交，其 F_1 代小孢子的产胚能力均介于双亲之间，不产胚或产胚能力弱的材料，其胚胎发生能力可通过杂交获得显著提高。

现有研究表明，小孢子诱导胚胎发生能力有其遗传特性，高胚胎发生能力可传递给后代。

二、胚胎发生的分子机制

既然小孢子胚胎发生受基因的影响巨大，那么运用基因差异表达技术、DNA 芯片分析技术等对小孢子胚状体的发生发育展开研究就是势在必行的了。

（一）诱导启动小孢子胚胎发生的基因表达

为了让小孢子胚胎发生，最为关键的一个步骤在于胁迫诱导。有研究表明，受到高温胁迫的小孢子，其热激蛋白基因家族反应强烈，无论是其细胞核密度还是细胞质密度，均高于非诱导小孢子。这一基因家族的成员包括位于小孢子染色质区域和核仁中的 HSP70 蛋白、位于染色质中的 HSP90 蛋白，等等。这种基因表达已经在甘蓝型油菜热激小孢子、烟草热激小孢子、辣椒热激小孢子中得到证明。

（二）小孢子诱导胚胎发生的表观遗传修饰

在植物的整个生命周期中，小孢子作为重要形态涉及复杂的表观遗传修饰。近年来，表观遗传学研究成为小孢子胚胎发生途径的重要参照。有学者研究发现，在单核期对小孢子进行胁迫处理，其胚胎发育过程的基因组 DNA 甲基化程度及 DNA 甲基化转移酶 MET 的表达活性均显著低于正常配子体向成熟花粉的发育。DNA 甲基化与组蛋白修饰之间的标记位点通常存在关联性，共同调控基因转录的活性。

三、小孢子植株再生的影响因素

影响小孢子植株再生的因素可分为内部原因和外部原因。内部原因主要是指小孢子胚的质量，外部原因则包括培养基成分、水分状况、通气情况以及光照和温度条件等。这里我们以 2006 年姜凤英等所做的羽衣甘蓝胚状体成苗若干因素的试验结果为例，说明影响小孢子植株再生的若干因素。该试验将羽衣甘蓝不同发育时期的胚状体转入 B5 或 MS 培养基中，添加不同浓度的活性炭。以琼脂浓度调节培养基中水分含量，蔗糖浓度为 3%，pH 值为 5.8。经 10℃ 低温预培养或直接在光照培养室中培养，30d 继代 1 次。

（一）培养基中的水分含量

接种后部分小孢子正常萌发，2~3d 子叶由黄变绿，两极开始萌动，胚根伸长并长出根毛。3 周后观察，有的子叶形胚直接发育成完整的小植株有的分化成幼苗有的不能直接成苗，形成叶状、茎状或芽状的组织有的褐化死亡。由表 2-3 可知，胚状体成苗率与培养基水分含量密切相关。随着培养基水分含量的增加，成苗率先升后降，显示 1.0% 的琼脂是较适合成苗的浓度。

表 2-3　培养基水分含量对羽衣甘蓝小孢子胚成苗的影响

琼脂含量（%）	接种胚数（个）	成苗率（%）	绿色组织形成率（%）	死亡率（%）
0.8	28	49.63	25.37	25.00
1.0	32	56.25	28.12	15.63
1.2	30	35.61	17.72	46.67
1.4	24	9.64	7.03	83.3

（二）基本培养基

将部分子叶形胚分别转入 B5 和 MS 的培养基中，琼脂浓度为 1.0%，蔗糖为 3%，在光照培养室中培养，3 周后统计成苗率。由表 2-4 可知，转入 MS 培养基的胚状体成苗率是 B5 培养基的 3 倍。而 B5 培养基中的胚状体褐化率是 MS 培养基的 4.4 倍。转入 B5 培养基的胚状体大部分小孢子胚胚根伸长，但胚芽不生长或生长缓慢而发生褐化。还有一些小孢子胚，出现胚芽愈伤组织化，愈伤组织又发生褐化，但胚根发育正常。这说明，MS 是羽衣甘蓝最适成苗培养基。

表 2-4　基本培养基对羽衣甘蓝小孢子胚成苗的影响

培养基	接种胚数（个）	获得小植株数（株）	褐化胚数（个）	成苗率（%）	褐化率（%）
B5	32	6	22	18.75	68.75
MS	32	18	5	56.25	15.63

（三）活性炭

取子叶形胚、鱼雷形胚转至含活性炭100mg/L、200mg/L 和300mg/L 的 MS 培养基上，蔗糖为3%，琼脂为1.0%，pH 值为5.8，在光照培养室中培养，3 周后统计成苗率。表2-5 结果表明，添加活性炭的培养基有利于鱼雷形小孢子胚成苗，100mg/L 活性炭的成苗率增大最明显，但对子叶形胚成苗的作用不大。

表2-5　培养基中活性炭含量对羽衣甘蓝小孢子胚成苗的影响

活性炭含量（mg/L）	子叶形胚数（个）	鱼雷形胚数（个）	子叶形胚成苗率（%）	鱼雷形胚成苗率（%）
0	32	35	56.25	28.57
100	35	31	57.14	54.84
200	27	29	55.56	37.93
300	29	26	55.17	30.77

（四）低温培养天数

将成苗较好的'圆叶红心''皱叶红心'子叶形胚转至 MS 的培养基中，琼脂浓度为1.0%，蔗糖为3%，pH 值为5.8，经10℃低温培养5d 或10d，以直接光照培养25℃为对照，3 周后观察成苗情况，结果见表2-6。

表2-6　低温培养对羽衣甘蓝小孢子胚成苗的影响

杂交种类	10℃处理	接种胚数（个）	成苗数（株）	成苗率（%）
圆叶红心	对照	38	22	57.89
	5d	40	24	60.00
	10d	45	29	64.44
皱叶红心	对照	42	25	59.52
	5d	45	28	62.22
	10d	50	34	68.00

表2-6 表明，低温可提高胚状体的直接成苗率。10d 的效果优于5d 的。经低温处理的胚状体胚轴伸长，向上生长，而未经低温处理的大多数胚轴不能直立，平卧生长。

此外，经科研人员试验证明，胚状体是水平放置还是竖插放置，与成苗率并无明显关联。

第四节　小孢子培养技术的应用

前面我们系统探讨了游离小孢子培养的基本原理和培养体系的构建，在本节，我们来讨论小孢子培养技术的应用。

一、培育出一批蔬菜新品种

经过多年研究，小孢子培养技术在十字花科蔬菜作物、甘蓝类作物、茄科类作物等的培育中起到了重要作用，培育出了一批性状优良的蔬菜新品种。其中，甘蓝类蔬菜新品种达 14 个（表 2-7）。

表 2-7　甘蓝类蔬菜新品种

品种类型	品种名称
甘蓝	豫生 1 号、豫生 4 号、豫甘 5 号、锦秋 55、秦甘 1265、豫甘 3 号、苏甘 55
松花菜	浙 801、浙 017、浙 091、浙农松花 50 天
青花菜	海绿、领秀 1 号

二、与杂交相结合创制育种新材料

远缘杂交在蔬菜育种中被广泛应用，若杂种花粉可育，则可结合小孢子技术进行种质资源再创造。目前，已进行小孢子培养的杂种有青花菜×甘蓝、甘蓝×花椰菜等。有研究表明，甘蓝类蔬菜的小孢子胚胎发生能力是可以遗传的，对种间杂交种进行小孢子培养，产胚能力取决于 2 个亲本的胚胎发生能力，杂种 1 代小孢子产胚率与具高胚发生能力的亲本相近，或与中亲值接近。因此，可以通过品种杂交的手段，将难出胚材料与高出胚材料杂交，使控制高胚发生能力的遗传因子导入无胚发生能力的材料中，通过遗传改良的方法扩大能诱导出小孢子胚胎发生的基因型范围。

三、筛选抗病、抗逆种质

蔬菜常见的病害有霜霉病、黑根病、黑斑病、灰霉病、黑腐病、细菌性黑斑病、菌核病、根肿病、枯萎病等，这些病害严重影响了蔬菜的产量和品质。有些为害还呈现出逐年加重的趋势，而应对病害最有效的方式是使用抗病品种，利用小孢子技术建立 DH 群体后，结合分子标记和抗性鉴定，可筛选出抗病且性状优良的 DH 系，其可用于配制杂交组合，使得原本需要 7~8 年的育种进程缩短至 3~4 年。

四、与诱变技术相结合创制突变体

游离小孢子培养技术的日益成熟为离体诱变提供了新途径。相比传统的诱变技术，诱变小孢子比种子更加敏感，有利于提高诱变率，且能产生大量的胚状体，增加了获得有益突变性状的可能性，并可以在 DH 植株中快速筛选出纯合的目标突变性状。目前常用的物理方法是用 $^{60}Co-\gamma$ 射线处理单核靠边期的花蕾后进行小孢子培养，化学方法则是用不同浓度的甲基磺酸乙酯（EMS）处理分离纯化后的小孢子，再进行培养。

第三章　大白菜游离小孢子培养技术

在我国蔬菜作物中，白菜类蔬菜占有重要的经济地位和社会地位。因此，白菜类蔬菜作物一直以来备受科研人员的关注。自从游离小孢子技术于20世纪90年代成功应用于大白菜以来，针对白菜类蔬菜小孢子双单倍体培养技术的研究始终没有停止，在此期间也取得了很大的进展。目前在大白菜研究领域，已经建立起了比较稳定和成熟的游离小孢子培养体系。在本章，我们将对大白菜游离小孢子培养的现状和技术手段展开深入探讨。内容包括大白菜游离小孢子培养材料的选择和处理、培养基及其配制、培养操作方法以及小孢子胚胎形成及植株再生的影响因素。

第一节　大白菜游离小孢子培养的前期准备

大白菜属十字花科芸薹属叶用蔬菜，因其营养丰富、耐贮运、食用方法多样而深受人们喜爱。和传统培育方法相比，大白菜游离小孢子培养获得自交系的耗时短，只需要两三年的时间，大大缩短了育种周期，有利于蔬菜新品种的培育。本节我们对大白菜游离小孢子培养的准备阶段，包括培养材料的选择和处理、培养基及其配制等环节进行介绍。

一、培养材料的选择

1989年，日本学者Sato等首次在春早熟大白菜品种上培养获得小孢子胚和再生植株。1992年，曹鸣庆等开始在国内进行大白菜小孢子培养。自此，国内学者也开始了对大白菜小孢子培养方面的研究，并应用到新品种培育中。姚秋菊等于2008年采用游离小孢子培养技术育成了大白菜一代杂种'豫新58'。不过，影响大白菜小孢子培养胚发生的因素有很多，不同基因型间胚状体诱导率差异也很大。因此，研究大白菜游离小孢子培养技术，首先应当做好培养材料的选择。

目前，大白菜游离小孢子培养材料主要有黄心大白菜、抗根肿病大白菜、包头类型大白菜等。例如，中国农业科学院蔬菜花卉研究所白菜课题组的大白菜吉红 82 和白菜 543DH、白菜 438F_2 品种；西北农林科技大学园艺学院十字花科课题组的 CR 金将军、京春 CR-1、百慕田 CRD25-2、13S93×CR 金锦、CR 黄心-2 等抗根肿病大白菜；沈阳农业大学蔬菜遗传育种与生物技术实验室的具有黄心、抗根肿病大白菜和黄心、耐抽薹的大白菜为亲本配制的 F_1 代杂交种；浙江农林大学农学试验基地的'秦白二号''精品改良青杂三号'；中国农业大学烟台研究院蔬菜课题组的'福山包头莲''新烟杂 3 号'等。

二、培养材料的处理

培养材料的处理主要包括花蕾的挑选、灭菌消毒两个步骤。

（一）花蕾的挑选

花蕾的挑选，包括以下几个步骤。

（1）取蕾。在大白菜植株抽薹初花期，于上午 8:00 进行取蕾，用镊子选取植株花薹的主花序或 1、2 级侧花序上取长 2.0~3.0mm 生长良好的花蕾，放入培养皿，标记材料编号，放在冰盒中，然后带回实验室放在 4℃ 冰箱保存。

（2）挑样。取一个花蕾放置在载玻片上，用镊子尾部碾压花蕾，再滴一滴蒸馏水，然后先放置在倒置显微镜的 10 倍镜下观察，小孢子整体形状是否为圆形，再在 25 倍镜下观察，观察处于不同发育时期小孢子的比例，若平均每视野处于单核靠边期至双核早期的小孢子的比例占整个花蕾小孢子的 60%，此时的花蕾长度即为适宜小孢子培养的长度。图 3-1 为我们呈现了可用于小孢子培养的大白菜花蕾。

(a)

图 3-1　用于小孢子培养的大白菜花蕾（2.0~3.0mm）

（二）花蕾的灭菌消毒

具体操作为：将花蕾装入小滤网（一般 10 蕾/网），小滤网放入 500mL 三角瓶内（一般装 5 个），加入适量（至少淹没网篮）75% 酒精浸泡 1~2min，再用 2.5% 次氯酸钠溶液清洗 30min，在此期间充分摇晃，无菌水清洗 5 次，每次洗 3min。

培养基及其配制以前，在芸薹属作物游离小孢子的培养中主要采用 B5 培养基收集提取小孢子，但对于小孢子诱导胚胎发生的培养，自 Lichter 使用改良的 NLN 培养基成功获得胚状体后，NLN 培养基在芸薹属作物游离小孢子培养中被广泛采纳应用。其配制如图 3-2 所示。

NLN培养基组成和配方

大量元素		微量元素		有机物质		铁盐	
组成成分	数量（mg/L）	组成成分	数量（mg/L）	组成成分	数量（mg/L）	组成成分	数量（mg/L）
KNO_3	125	$MnSO_4 \cdot 4H_2O$	1250	肌醇	100	Na_2-EDTA	37.3
$MgSO_4 \cdot 7H_2O$	125	H_3BO_3	10	烟酸	5	$FeSO_4 \cdot 7H_2O$	27.8
$Ca(NO_3)_2 \cdot 4H_2O$	500	$ZnSO_4 \cdot 7H_2O$	12.3	甘氨酸	2		
KH_2PO_4	125	KI	0.8	盐酸吡哆醇	0.5		
		$NaMoO_4 \cdot 2H_2O$	0.25	盐酸硫铵	0.5		
		$CuSO_4 \cdot 5H_2O$	0.025	叶酸	0.5		
		$CoCl_2 \cdot 6H_2O$	0.025	生物素	0.05		
				谷氨酰胺	800		
				丝氨酸	100		

图 3-2　NLN 培养基的配制

第二节　大白菜游离小孢子培养操作方法

芸薹属游离小孢子培养体系自建立以来按照小孢子的收集提取、小孢子悬浮培养诱导胚胎发生等传统步骤，多年来并没有大的改变，只是在操作程序和手段方面有细微调整。

一、游离小孢子的获得

获得游离小孢子是对其进行培养的前提和关键。获得游离小孢子的方法主要有自然散落法、挤压法和器械法。就当前研究情况来看，散落法和器械法在花器官较小的单子叶植物小孢子提取中应用较多，而芸薹属植物小孢子的收集提取，挤压法是最常用的分离方法。因此，这里我们主要介绍挤压法。

所谓挤压法，就是将清洗无菌的适期花蕾在研体或大试管内挤压释放出小孢子于提取液中，经过滤、离心、纯化后，小孢子悬浮于液体培养基诱导培养。挤压法还可进一步分为人工挤压和机械挤压两种。

（一）人工挤压法

在对花蕾进行灭菌消毒后，将其倒入 10mL 玻璃试管内，加入 8~10mL B5 洗涤培养基（蔗糖浓度为 14%，pH 值为 5.80~5.84，经过高温湿热灭菌进行使用），用无菌玻璃棒轻轻研压花蕾，使小孢子游离出来收集到玻璃试管中。小孢子提取液用漏斗用孔径 45μm 的尼龙筛网过滤到 10mL 离心管中，标记材料名称，用 Parafilm 膜封口。之后，将离心管以 1 100r/min 的速度离心 5min，弃去上清液，再重复离心两次。最后离心管中剩下的沉淀即为纯净的小孢子。

（二）机械挤压法

传统的挤压法依赖于人工操作，每个研钵只能收集一份样品，这对于多份材料的小孢子培养十分不方便。因为在小孢子的收集提取环节只能依次研磨，所以极大影响了小孢子培养的工作效率。和人工挤压的方法相比，机械挤压法具有省时省力的优点，也避免了因人为操作造成的小孢子诱导胚胎发生效果的差异。且不少试验已经表明，机器挤压法与手工挤压的效果基本一致（图3-3）。Takahashi 利用细胞破碎仪提取小孢子，使芸薹属植物小孢子培养体系在提取环节有了突破性进展。

二、游离小孢子的培养

对于游离小孢子的培养，有研究发现先将小孢子静置培养数周，再经过振荡培养，可以促进小孢子胚胎的快速发育。下面我们介绍这一方法的操作过程：

1. 分皿

将纯化后的大白菜小孢子用 NLN-13 培养基稀释，用血球计数板计细胞终密度为（1~2）×10^5个/mL，使用 60mm×15mm 的无菌玻璃培养皿，每皿分装 5mL 小孢子悬浮液，每皿添加 100μL 琼脂糖以及活性炭混合液（0.05g 琼脂糖、1g 活性炭溶解于 100mL 超纯水，高温湿热灭菌），用 Parafilm 封口膜封口。

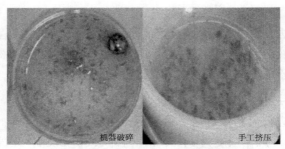

（a）机器破碎与手工挤压提取小孢子的效果一致

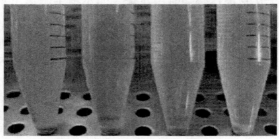

（b）机器破碎收集小孢子量与手工挤压基本一致

图3-3　机器破碎与手工挤压的效果基本一致（李菲，2019）

2. 热激培养

将培养皿静置在32℃恒温箱中热激培养一段时间。之后，在倒置显微镜下观察并对小孢子的膨大情况进行拍照，然后从照片中随机选择5个区域计算各自的膨大率，之后求取平均值，即可得出小孢子的膨大率。膨大率的计算公式为：

膨大率（%）= 膨大小孢子个数/总小孢子个数×100

3. 置换

先在倒置的显微镜下观察每个培养皿内小孢子是否膨大良好、是否污染，将膨大发育良好未污染的培养皿，进行置换，即培养液吸到10mL离心管，以1 100r/min的速度离心5min，弃去上清液，加入置换培养基6mL悬浮小孢子，将悬浮液添加到φ9cm培养皿中，用Parafilm膜封口。

4. 静置培养

将培养皿放置在25℃恒温暗培养箱培养3周左右，出现肉眼可见小白点即胚状体，就转换到摇床进行培养。

5. 振荡培养

将培养皿放在摇床上以 100r/min 速度培养，使胚状体与液体培养基充分接触。

6. 出胚

小孢子出胚，形成非子叶形胚和子叶形胚。此时，可以统计胚诱导率。胚诱导率的计算公式为：

胚诱导率＝出胚总数／培养花蕾的总数

7. 诱导生芽

将胚状体转至添加了 0.1mg/L GA3 同浓度的 B5 培养基或 MS 培养基（8g/L 琼脂+30g/L 蔗糖）上分化。培养基可接种 30 个胚状体。恒定温度为 25℃，光周期为 16h/d，光强度为 3 000lx 的培养室内培养。培养 3~4d 后胚状体转绿（图 3-4-a），胚状体继续膨大生长（图 3-4-b），第 20 天开始产生丛生芽（图 3-4-c）。

（a）胚状体转绿

（b）胚状体膨大生长

（c）丛生芽

图 3-4　大白菜小孢子诱导生芽

8. 不定芽再生

将不定芽转到添加 0.1mg/L 6-BA 和 0.01mg/L NAA 的 MS 培养基上，诱导再生，在恒定温度为 25℃，光周期为 16h/d，光强度为 3 000lx 的培养室内培养，生长 21d 后，不定芽发育成再生植株（图 3-5）。

图 3-5　不定芽再生植株

9. 生根

将再生植株转移到添加了 0.1mg/L NAA 的 MS 培养基上，在恒定温度为 25℃，光周期为 16h/d，光强度为 3 000lx 的培养室内进行培养，诱导生根，生长 10d 后，再生植株生根（图 3-6），可形成完整根系。

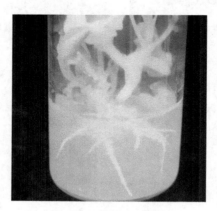

图 3-6　再生植株生根

第三节　影响大白菜小孢子胚胎形成及植株再生的因素

目前，国内外对大白菜游离小孢子的培养技术的理论研究基础扎实，已构建出较为成熟的大白菜小孢子培养体系。因此，对影响大白菜小孢子胚胎形成及植株再生的主要因素有着较为全面的认识。本节我们就来具体探讨这两个方面的内容。

一、影响大白菜小孢子胚胎形成的因素

影响小孢子诱导出胚的因素有很多，其中决定诱导胚状体形成的因素主要有内因和外因两个因素，内因主要是植株的基因型，外因主要是植株的生长环境、花蕾预处理方式、培养条件、取蕾时间和部位、花蕾发育时期、培养基及培养基添加物等诸多因素。

（一）供体植株的基因型

随着小孢子培养技术在白菜类蔬菜中的广泛应用，人们发现一些农艺性状优良的材料并不能在相同培养体系下如期望的诱导大量的小孢子胚胎发生并获得胚状体。现有研究普遍认为小孢子胚胎发生能力在基因型间存在显著差异。

1. 影响概述

大白菜小孢子胚胎发生能力在基因型间的差异，主要表现在以下两个方面。

（1）小孢子诱导胚胎发生的特异基因型反应。曹鸣庆等（1993）对17个不同熟性大白菜材料进行游离小孢子培养，有16个基因型获得了胚状体；徐艳辉等（2001）在诱导37个基因型大白菜小孢子培养中，只有7个基因型获得胚状体；汪维红等（2010）诱导7份黄心乌白菜，仅有3份基因型诱导出胚。显然扩大白菜的基因型背景范围和数量，白菜小孢子的胚胎发生能力存在差异，小孢子胚胎发生能力受基因型影响。

（2）小孢子诱导胚胎发生的胚产量在不同基因型间存在显著差异。曹鸣庆等（1993）研究发现，在相同培养体系下，诱导胚产量最高的基因型平均每花蕾可获得359.28个胚状体，而胚产量最少的基因型每花蕾平均产量仅为0.6个。刘凡等（2001）在小孢子培养研究中归纳发现白菜的孢合

类型及熟性与胚胎发生能力有一定相关性，一般早熟白菜的产胚率高于中、晚类型，而叠孢类型白菜较合孢类型易于诱导胚状体生成。

2. 试验研究

单宏（2017）以沈阳农业大学蔬菜遗传育种与生物技术实验室配制的 13 种（SY01~SY13）F_1 代杂交种为供试材料，F_1 代杂交种由具有黄心、抗根肿病大白菜和黄心、耐抽薹的大白菜为亲本进行配制。对 13 个不同基因型的大白菜进行游离小孢子培养，同时都在 NLN-13 常规培养基上培养，不添加任何激素，其他条件都相同，通过分析它们之间的成胚情况，比较不同基因型的胚状体诱导率的差异。

由表 3-1 可以看出，在培养基中无任何外源激素或药物的条件下，其中有 8 个大白菜品种获得了胚状体，出胚基因型率为 61.54%。基因型对大白菜小孢子胚诱导率的影响表现为：试验材料中具体表现为 SY01>SY11>SY02>SY03>SY09>SY04>SY06>SY08>SY05＝SY07＝SY10＝SY12＝SY13，其中 SY01、SY11、SY02、SY03、SY09、SY04、SY06、SY08 的胚诱导率分别为 3.95 胚/蕾、3.81 胚/蕾、3.45 胚/蕾、3.03 胚/蕾、2.83 胚/蕾、2.77 胚/蕾、2.63 胚/蕾、2.45 胚/蕾，而 SY05、SY07、SY10、SY12、SY13 这 5 个的基因型未出胚，SY01 的胚诱导率最高，而 SY08 的胚诱导率最低，为 2.45 胚/蕾，SY01 的诱导率是 SY08 的 1.60 倍。这说明不同基因型的大白菜品种或品系，可直接影响小孢子的胚诱导率。

表 3-1　基因型对大白菜小孢子胚胎发生的影响

基因型	胚诱导率
SY01	3.96±0.16a
SY02	3.81±0.10ab
SY03	3.45±0.15bc
SY04	3.03±0.11cd
SY05	2.83±0.13de
SY06	2.77±0.04ef
SY07	2.63±0.28ef
SY08	2.45±0.06f
SY09	0.0±0.0g

（续表）

基因型	胚诱导率
SY10	0.0±0.0g
SY11	0.0±0.0g
SY12	0.0±0.0g
SY13	0.0±0.0g

注：表中不同处理之间差异显著用不同小写字母表示（$P<0.05$）

（二）供体植株的生产条件

目前，研究普遍认为供试植株的生长条件影响提取小孢子的活力，从而影响小孢子诱导胚胎发生的能力。一般从发育健壮、温度、光照等适宜条件下生长的供体植株采集花蕾，小孢子的培养效果较好。研究表明，供体植株在 15~20℃ 的温度条件，14~18h 长日照下出胚率明显提高，特别是胚胎发生能力较弱的品种，环境条件对小孢子培养影响显著。另外，大量研究认为在自然栽培条件下，春季是进行大白菜游离小孢子培养的适宜季节。为了提高小孢子胚胎发生率，应把供体植株花期安排在冬季和早春，尽量避开高温季节。

（三）发育时期

大白菜小孢子的发育时期通常分为单核期、二核期和三核期，大量研究实践认为小孢子处于单核后期至二核早期最适于诱导胚状体生成。

由于受供体植株生长条件影响，大白菜同花期的小孢子发育具有不同步性。一般认为大白菜盛花期植株的营养状况良好，是进行游离小孢子培养的最佳时期。王秀英等（2008）研究发现，大白菜在盛花期取蕾进行小孢子培养的出胚率是初花期的 3.0 倍、末花期的 6.3 倍。但张德双等（1998）研究发现受供体植株生长状况的影响及不同基因背景的形态差异，利用花蕾的形态指标判断小孢子发育阶段也并非完全可靠，因此在实际培养中要根据不同个体的综合情况，获得相应的形态依据指标，尽可能收集单核靠边期比例最高的小孢子群体。

（四）培养基中的添加物

研究发现，在大白菜游离小孢子的培养基中加入不同的物质可以促进小孢子的胚胎形成。这里我们主要阐述几种主要的培养基添加物对大白菜小孢子的影响，主要包括外源激素、蔗糖、活性炭、NaCl。

1. 外源激素

大白菜游离小孢子培养中，外源激素对胚胎发生和植株再生的影响尚未取得一致的结果。这里我们以沈阳农业大学蔬菜遗传育种与生物技术实验室配制的 3 种 F_1 代杂交种（SY01、SY03、SY08）为供试材料进行探讨。从前文的研究我们已经知道，SY01、SY03、SY08 这 3 种子的出胚难度是逐渐提高的，即 SY01 为易出胚基因型，SY03 为一般出胚基因型、SY08 为难出胚型。用 6 种不同浓度的 6-BA 和 NAA 的组合添加到 NLN-13 液体培养基中，以此来分析植物生长调节剂对不用基因型的小孢子的胚胎发生的影响。

从表 3-2 所呈现的 3 种试材的胚诱导率可以看出，各个浓度组合的出胚率均比对照组高，说明 6-BA 和 NAA 对小孢子胚胎发生有促进作用，且最适宜的浓度组合均为 0.1 mg/L 6-BA 和 0.05 mg/L NAA，三者的最高胚诱导率分别为 5.76 胚/蕾、5.01 胚/蕾、4.63 胚/蕾。对于 SY01 和 SY03，0.1mg/L 6-BA 和 0.05~0.1mg/L NAA 为出胚率较高的适宜浓度配比组合；而对于 SY08，0.2 mg/L 6-BA 和 0.1 mg/L NAA 相对于其他浓度组合来说，较高的胚诱导率仅次于最适浓度的，为 4.10 胚/蕾。由此可见，植物生长调节剂 6-BA 和 NAA 对大白菜小孢子的胚发生具有显著的促进作用，从而有利于提高胚诱导率。

表 3-2 植物生长调节剂对大白菜小孢子胚诱导的影响

6-BA 浓度（mg/L）	NAA 浓度（mg/L）	胚状体诱导率（胚/蕾）±SD		
		SY01	SY03	SY08
0	0	3.84±0.07e	2.96±0.06e	2.55±0.24e
0.05	0.05	4.37±0.34d	3.86±0.24d	3.26±0.29d
0.1	0.05	5.76±0.22a	5.01±0.11a	4.63±0.22a
0.1	0.1	5.29±0.09b	4.85±0.17b	3.87±0.10bc
0.2	0.05	4.84±0.32c	4.36±0.30c	3.55±0.31cd
0.2	0.1	5.21±0.12bc	4.52±0.18bc	4.10±0.19b

注：表中不同处理之间差异显著用不同小写字母表示（$P<0.05$）

2. 蔗糖

高浓度的蔗糖对小孢子诱导胚胎发生是必不可少的，芸薹属植物一般采用蔗糖浓度 10%~13% 培养基诱导胚状体，但根据不同作物也会有差别。蒋武生等（2005）研究认为蔗糖浓度为 13% 时的 NLN 培养基对小白菜游离小孢子培养的效果较好。李菲等（2017）研究发现 B5 提取培养基添加甘露醇，同时适当提高蔗糖浓度能促进大白菜小孢子的胚胎发生，其中蔗糖浓度为 17%，甘露醇浓度为 8% 培养效果最好。研究表明高浓度的蔗糖即提供良好的碳源，又维持一定渗透压，有利于保持小孢子的活力。

付丹丹（2019）对西北农林科技大学园艺学院十字花科课题组提供的 5 种抗根肿病大白菜（分别是 CR 金将军、京春 CR-1、百慕田 CRD25-2、13S93×CR 金锦、CR 黄心-2）进行游离小孢子培养，热激处理后，在置换培养基中分别添加 100g/L、130g/L、160g/L 蔗糖，在 25℃ 恒温暗培养 3 周后，统计每个处理下各个材料的出胚数，并计算胚诱导率，比较不同蔗糖浓度对小孢子胚状体诱导的影响。

由表 3-3 可以看出，蔗糖浓度为 130g/L、160g/L、100g/L 时 5 种材料均能诱导出胚，从整体上来看，添加 100g/L 蔗糖时 5 种材料的小孢子平均胚诱导率均显著高于 130g/L 蔗糖、160g/L 蔗糖，添加 130g/L、160g/L 蔗糖胚诱导率差异不大，仅差 0.46 胚/蕾，当蔗糖浓度为 100g/L 时胚诱导率最高为 2.58 胚/蕾，与 130g/L 蔗糖胚诱导率（1.36 胚/蕾）相比提高了89.7%，与 160g/L 蔗糖胚诱导率（0.9 胚/蕾）相比提高了 186%。从单个材料来说，5 种材料均在添加 100g/L 蔗糖培养基小孢子胚诱导率最高，分别为 2.7 胚/蕾、3.5 胚/蕾、2.6 胚/蕾、1.6 胚/蕾、2.5 胚/蕾，由图 3-7 可见，京春 CR-1 在蔗糖浓度为 100g/L 时胚诱导率最高，胚状体生长发育均匀，大多数为非子叶形胚状体。由此表明，130g/L 或 160g/L 蔗糖不利于大白菜小孢子的胚胎发生，因此，热激处理 2d 后添加 100g/L 蔗糖能有效促进大白菜诱导高产量出胚。

表 3-3 不同蔗糖浓度对大白菜小孢子胚诱导的影响

蔗糖浓度（g/L）	材料	花蕾数（个）	出胚数（胚）	胚诱导率（胚/蕾）	平均胚诱导率（胚/蕾）
	CR 金将军	10	5	0.5	
	京春 CR-1	10	11	1.1	
160	百慕田 CRD25-2	10	10	1.0	0.9±0.34b
	13S93×CR 金锦	10	6	0.6	
	CR 黄心-2	10	13	1.3	

（续表）

蔗糖浓度（g/L）	材料	花蕾数（个）	出胚数（胚）	胚诱导率（胚/蕾）	平均胚诱导率（胚/蕾）
130	CR 金将军	10	16	1.6	1.36±0.19b
	京春 CR-1	10	13	1.3	
	百慕田 CRD25-2	10	11	1.1	
	13S93×CR 金锦	10	13	1.3	
	CR 黄心-2	10	15	1.5	
100	CR 金将军	10	27	2.7	2.58±0.68a
	京春 CR-1	10	35	3.5	
	百慕田 CRD25-2	10	26	2.6	
	13S93×CR 金锦	10	16	1.6	
	CR 黄心-2	10	25	2.5	

注：表中不同处理之间差异显著用不同小写字母表示（$P<0.05$）

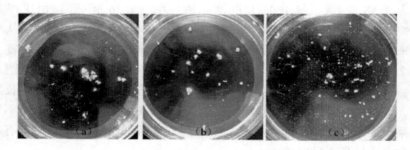

（a）蔗糖浓度为 160g/L 的出胚情况；（b）蔗糖浓度为 130g/L 的出胚情况；
（c）蔗糖浓度为 100g/L 的出胚情况

图 3-7　不同浓度蔗糖下京春 CR-1 小孢子的出胚情况（付丹丹，2019）

3. 活性炭

在培养基中添加适量的活性炭对小孢子胚胎发生和形成具有促进作用，其原因可能是活性炭吸附了小孢子培养过程中释放的有毒物质。申书兴等（1999）研究表明，培养中添加 0.05~0.10g/L 活性炭可促进大白菜小孢子胚发生和发育的同步性。培养过程中添加适量活性炭能提高大多数白菜基因型小孢子的胚胎诱导率，但对于活性炭的添加也有相关的负面报道。刘凡等（2001）研究发现经活性炭处理获得的大白菜胚状体的植株再生能力不及未经活性炭处理的，原因可能是活性炭的吸附作用无选择性，添加过高浓度活性炭，在吸附培养基中有害物质的同时，也吸附铁盐、维生素等与胚生长和分化密切相关的其他物质，因此培养基中的活性炭浓度不宜太高，否则会起副作用。

4. NaCl

以西北农林科技大学园艺学院十字花科课题组提供的5种抗根肿病大白菜（分别是CR金将军、京春CR-1、百慕田CRD25-2、13S93×CR金锦、CR黄心-2）进行游离小孢子培养，在热激培养基和置换培养基中各添加6种不同浓度NaCl，依次为：0mg/L（CK）、50mg/L、100mg/L、150mg/L、200mg/L、250mg/L，热激处理后，在置换时在显微镜下观察各材料小孢子膨大情况，并统计膨大率，在25℃恒温暗培养箱培养3周后，统计每个处理下各个材料的出胚数，并计算胚诱导率，比较不同浓度NaCl对大白菜小孢子胚状体诱导的影响。

由表3-4可以看出，添加不同浓度NaCl对胚诱导率存在着显著性差异，同时小孢子膨大率也存在着差异，5种材料的平均膨大率和胚诱导率都随着培养基中NaCl浓度的增加，呈现出先逐渐升高、后降低的趋势，从整体上来看，NaCl浓度为150mg/L，小孢子平均膨大率和胚诱导率最高分别82.8%、1.84胚/蕾，与对照（CK）相比提高了22.4%、22.8%；NaCl浓度为250mg/L时膨大率和胚诱导率最低分别为63%、0.48胚/蕾，与对照相比降低了7.3%、14.2%；5种材料在添加50mg/L、100mg/L、200mg/L NaCl的平均胚诱导率差异不显著。从单个材料分析，京春CR-1和CR黄心-2的胚诱导率均在NaCl浓度为200mg/L最高，分别为1.9胚/蕾、2.6胚/蕾，与对照相比分别提高了21.7%、27.5%，在NaCl浓度为250mg/L时，胚诱导率最低，分别为0.4胚/蕾、0.6胚/蕾，与对照相比分别降低了33.3%、25.0%；而CR金将军、百慕田CRD25-2、13S93×CR金锦均在NaCl浓度为150mg/L时最高，分别为1.1胚/蕾、3.2胚/蕾、1.6胚/蕾，与对照相比分别提高了17.5%、37.5%、43.3%，在NaCl浓度为250mg/L时，胚诱导率最低，分别为0.7胚/蕾、0.5胚/蕾、0.2胚/蕾，与对照相比分别降低了75%、28.5%、33.3%。

表 3-4　不同浓度 NaCl 对大白菜小孢子胚诱导的影响

NaCl 浓度（mg/L）	材料	花蕾数	膨大率（%）	平均膨大率（%）	出胚数（胚）	胚诱导率（胚/蕾）	平均胚诱导率（胚/蕾）
0	CR 金将军	10	71		4	0.4	
	京春 CR-1	10	68		6	0.6	
	百慕田 CRD25-2	10	61	67.6	7	0.7	0.56±0.20b
	13S93×CR 金锦	10	66		3	0.3	
	CR 黄心-2	10	72		8	0.8	
50	CR 金将军	10	72		6	0.6	
	京春 CR-1	10	67		9	0.9	
	百慕田 CRD25-2	10	80	73.8	10	1.0	0.90±0.27ab
	13S93×CR 金锦	10	72		7	0.7	
	CR 黄心-2	10	78		13	1.3	
100	CR 金将军	10	78		7	0.7	
	京春 CR-1	10	73		12	1.2	
	百慕田 CRD25-2	10	84	78.6	13	1.3	1.16±0.34ab
	13S93×CR 金锦	10	74		10	1.0	
	CR 黄心-2	10	84		16	1.6	
150	CR 金将军	10	85		11	1.1	
	京春 CR-1	10	78		8	0.8	
	百慕田 CRD25-2	10	89	82.8	32	3.2	1.84±0.99a
	13S93×CR 金锦	10	80		16	1.6	
	CR 黄心-2	10	82		25	2.5	
200	CR 金将军	10	68		4	0.4	
	京春 CR-1	10	82		19	1.9	
	百慕田 CRD25-2	10	83	79.6	11	1.1	1.40±0.86ab
	13S93×CR 金锦	10	74		10	1.0	
	CR 黄心-2	10	91		26	2.6	

（续表）

NaCl 浓度（mg/L）	材料	花蕾数	膨大率（%）	平均膨大率（%）	出胚数（胚）	胚诱导率（胚/蕾）	平均胚诱导率（胚/蕾）
250	CR 金将军	10	68		7	0.7	
	京春 CR-1	10	58		4	0.4	
	百慕田 CRD25-2	10	62	63.0	5	0.5	0.48±0.19b
	13S93×CR 金锦	10	65		2	0.2	
	CR 黄心-2	10	62		6	0.6	

注：表中不同处理之间差异显著用不同小写字母表示（$P<0.05$）

　　由图 3-8 可见，百慕田 CRD25-2 在 150mg/L NaCl 的小孢子膨大效果（图 3-8-d）明显优于对照（图 3-8-a），胚诱导率最高达 3.2 胚/蕾，高出对照（图 3-8-g）2.8 胚/蕾，胚状体生长发育一致度高、较大，大多数为子叶形胚状体（图 3-8-j）；250mg/L NaCl 小孢子膨大效果（图 3-8-l）比对照差，低出对照 10%，胚诱导率比对照（图 3-8-g）少 0.1 胚/蕾，胚状体较小、数目少、发育状况不一致（图 3-8-f）。由此可以得出，在培养基中添加 50～200mg/L NaCl 能提高大白菜小孢子膨大率，有利于促进大白菜小孢子胚状体的形成，添加 250mg/L NaCl 对小孢子膨大和出胚有抑制作用，因此添加 200mg/L 或 150mg/L 时利于大白菜小孢子膨大和胚状体的形成，并且不同基因型材料适宜浓度不同。

（五）培养前的预处理

　　诱导小孢子的胚胎发生需要进行前期的胁迫预处理，促使小孢子完成脱分化，启动孢子体发育途径最终形成胚状体。目前见于报道的预处理方法主要有高温预处理、低温预处理、甘露醇预处理、秋水仙素预处理和饥饿预处理等。十字花科芸薹属作物小孢子培养普遍采用高温胁迫处理诱导胚胎发生。在大白菜小孢子培养中，栗根义（1993）认为 33℃热激诱导非常必要，它改变了小孢子的发育途径，促进胚状体的形成。刘公社等（1995）发现单核靠边期的大白菜小孢子在 33℃高温热激处理 24h 可成功诱导胚状体的生成。这里通过试验来分别研究不同热激时间及组蛋白去乙酰化酶抑制剂 TSA（曲古抑菌素 A）对小孢子胚诱导的影响。

　　1. 不同热激时间对小孢子胚诱导的影响

　　以西北农林科技大学园艺学院十字花科课题组提供的 5 种抗根肿病大白菜（分别是 CR 金将军、京春 CR-1、百慕田 CRD25-2、13S93×CR 金锦、

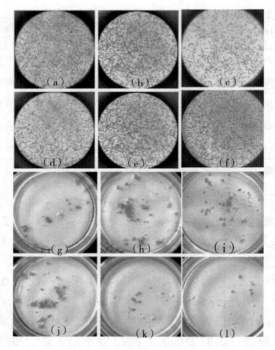

（a）0mg/L NaCl（CK）小孢子膨大情况；（b）50mg/L NaCl 膨大情况；

（c）100mg/L NaCl 膨大情况；（d）150mg/L NaCl 膨大情况；

（e）200mg/L NaCl 膨大情况；（f）200mg/L NaCl 膨大情况；

（g）0mg/L NaCl（CK）出胚情况；（h）50mg/L NaCl 出胚情况；

（i）100mg/L NaCl 出胚情况；（j）150mg/L NaCl 出胚情况；

（k）200mg/L NaCl 出胚情况；（l）250mg/L NaCl 出胚情况

图 3-8　不同浓度 NaCl 下百慕田 CRD25-2 小孢子

的膨大及出胚情况（×25）（付丹丹，2019）

CR 黄心-2）为供试材料。在 32℃热激培养时，分别设置热激时间为 12h、24h、48h，置换时观察并统计小孢子膨大率，在 25℃恒温暗培养箱培养 3 周后，统计每个处理下各个材料的出胚数，并计算胚诱导率。比较不同热激处理时间对小孢子胚状体诱导的影响。

由表 3-5 可知，不同热激时间对胚诱导率存在显著性差异，随着热激时间的延长，小孢子膨大率增大。热激时间为 48h 时，5 种材料的平均膨大率和胚诱导率均显著高于热激 12h、24h，热激 48h 时膨大率和胚诱导率最高，分别为 81.8%、2.1 胚/蕾，与热激 24h 相比分别增加了 17.1%、

35.2%，与热激 12h 相比分别增加了 29.2%、26.2%，从单个材料分析来看，5 种材料均在热激 48h 时膨大率和胚诱导率达到最大，分别为 86.0%、1.5 胚/蕾、76.0%、2.3 胚/蕾、80.0%、3.0 胚/蕾、89.0%、1.2 胚/蕾、78%、2.5 胚/蕾。由此表明，小孢子高温热激处理有利于诱导高出胚，经胚产量比较，大白菜游离小孢子在 32℃ 高温热激 48h 可能有利于改变游离小孢子的发育方向，对小孢子膨大有促进作用（图 3-9c），促进最终产生较多胚状体（图 3-9f），而高温处理时间过短会导致小孢子不膨大（图 3-9a）或部分膨大后很快破裂（图 3-9b），不利于小孢子培养形成较多胚状体。总之，32℃ 热激处理 48h 时大白菜小孢子胚诱导率最高，因此，大白菜小孢子培养最佳热激处理时间为 48h。

表 3-5　热激处理时间对大白菜小孢子胚诱导的影响

热激处理时间（h）	材料	花蕾数	膨大率（%）	平均膨大率（%）	出胚数（胚）	胚诱导率（胚/蕾）	平均胚诱导率（胚/蕾）
12	CR 金将军	10	65		4	0.4	
	京春 CR-1	10	67		11	1.1	
	百慕田 CRD25-2	10	56	63.2	5	0.5	0.58±0.31c
	13S93×CR 金锦	10	66		3	0.3	
	CR 黄心-2	10	62		6	0.6	
24	CR 金将军	10	68		12	1.2	
	京春 CR-1	10	65		15	1.5	
	百慕田 CRD25-2	10	76	69.8	13	1.3	1.36±0.37b
	13S93×CR 金锦	10	67		9	0.9	
	CR 黄心-2	10	73		17	1.9	
48	CR 金将军	10	86		15	1.5	
	京春 CR-1	10	76		23	2.3	
	百慕田 CRD25-2	10	80	81.8	30	3.0	2.10±0.73a
	13S93×CR 金锦	10	89		12	1.2	
	CR 黄心-2	10	78		25	2.5	

注：表中不同处理之间差异显著用不同小写字母表示（$P<0.05$）

2. TSA 对小孢子胚诱导的影响

有研究发现，组蛋白去乙酰化酶抑制剂 TSA 处理芸薹属植物甘蓝型油菜小孢子，能达到与传统热激胁迫相同的胚胎发生效果。有研究认为组蛋白

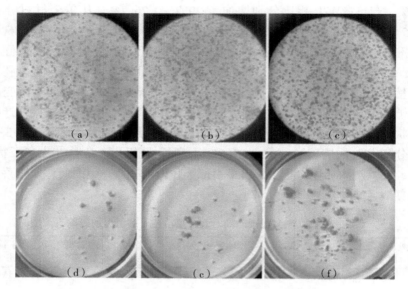

（a）热激 12h 小孢子的膨大情况；（b）热激 24h 小孢子的膨大情况；
（c）热激 48h 小孢子的膨大情况；（d）热激 12h 的出胚情况；
（e）热激 24h 的出胚情况；（f）热激 48h 的出胚情况

图 3-9　不同热激处理时间下百慕田 CRD25-2 小孢子的
膨大及出胚情况（×25）（付丹丹，2019）

甲基化和乙酰化作用对胚胎发育起主导作用，TSA 作为一种组蛋白去乙酰基酶（HDAC）抑制剂，能通过抑制 HDACs 的活性来提高组蛋白的乙酰化程度。李菲（2017）利用一种新的群体类型 BC_2DH 群体对白菜小孢子在 TSA 处理下的胚胎发生能力进行了研究。该群体的构建是将高胚胎发生能力的亲本 Z16（早熟耐热大白菜 DH 系）和低胚胎发生能力的亲本 L144 进行杂交，F_1 经亲本 Z16 两次回交重组后，利用独立回交的 BC_2 株系分别进行游离小孢子培养，获得 BC_2DH 群体。图 3-10 为 BC_2DH 群体的构建示意图。

（1）试验材料。随机选择 BC_2DH 群体胚胎发生能力稳定的易出胚单株 2014011、2014003 和大白菜材料 1600023、1600823；BC_2DH 群体难诱导材料 2014067、2014026 和 2014147。

（2）TSA 培养基的配制。配制 0.5μMTSA 培养液：1mg TSA 溶于 1mL DMSO（二甲亚砜）配制 TSA 母液于 -20℃ 冰箱保存。将 151μL TSA 母液定溶于 1L NLN-13 培养基配制为 0.5μM TSA 培养液，过滤消毒后保存于 4℃

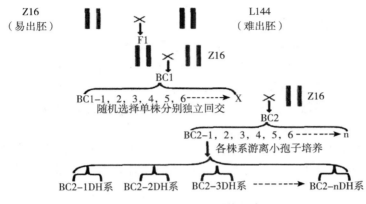

图 3-10 构建 BC$_2$DH 群体示意图

冰箱备用。

（3）处理。试验单株小孢子收集后悬浮于 0.5μM TSA 培养液，分别进行 33℃ 24h 热激前处理转 25℃暗培养和无热激处理的 25℃暗培养。以相应单株小孢子在普通 NLN-13 培养基 33℃ 24h 热激诱导和无热激 25℃暗培养为对照，比较各试验单株小孢子在不同处理条件下的胚状体诱导效果。

（4）结果。培养 14d 后观察各材料小孢子在 4 种不同培养条件下胚诱导效果显示：小孢子悬浮于 NLN-13 培养基在无预处理的 25℃暗培养条件下无法诱导胚胎发生；易出胚单株小孢子在常规 33℃ 24h 热激诱导培养体系下，仍保持稳定的出胚能力；相应单株小孢子悬浮于 0.5μM TSA 培养液，分别进行 33℃ 24h 热激诱导培养和无热激处理的 25℃暗培养，都诱导获得了胚状体。无论是筛选鉴定的易出胚 BC$_2$DH 系还是普通易诱导的大白菜材料，在小孢子传统培养体系和 0.5μM TSA 培养液两种温度培养下，小孢子都可成功获得胚状体，说明对于白菜小孢子，TSA 处理可以获得与热激胁迫同样的胚诱导效果。但对于难诱导基因型，TSA 处理并不能如期望的能够改变小孢子的胚胎发生能力。

二、影响白菜小孢子胚状体植株再生的因素

影响小孢子胚状体植株再生的因素有很多，主要有内因和外因两个因素，最主要的内因是植株的基因型，外因主要是胚状体类型、胚龄、培养条

件、培养基类型及培养基添加物等诸多因素。

（一）胚龄、胚状体类型和长度

多数研究发现胚龄对大白菜小孢子胚状体的再生起非常重要的作用，胚龄即胚状体形成后在培养基中的滞留时间。王涛涛等（2009）研究发现大白菜胚状体的胚龄为 20~29d 最利于胚成苗，其中胚龄为 21d 的大白菜子叶形胚发育最好，再生率最高，胚龄过大，胚易褐化死亡。但刘凡等（2001）研究发现胚龄为 14d 的大白菜小孢子胚成苗率达到最高为 85%，然而胚龄为 35d 时最终成苗率仅为 42.7%。由此可见，适时地将胚状体转移到再生培养基上，不但有利于胚状体的发育，而且可以提高小孢子胚的再生率。

芸薹属作物小孢子胚植株的再生率与胚状体类型密切相关，胚状体类型按形状分为子叶形胚、心形胚、鱼雷形胚、球形胚、畸形胚等，不同类型胚状体发育快慢不一致、适应的培养条件也不同，子叶形胚具有完善的二叶结构，因此一次性成苗率较高。不同类型胚状体的生长极性和活性对胚成苗的影响效果不同。

（二）培养基

在芸薹属作物进行小孢子培养形成胚状体后，通常转到 MS 固体培养基或 B5 固体培养基进行培养，多数研究发现适宜大白菜、白菜型油菜等小孢子胚生长发育的培养基为 B5 培养基。王超楠（2008）研究发现小白菜小孢子植株在 MS 培养基上成活率达 88.70%。另外，有研究发现大白菜小孢子胚植株再生率也与培养形式有关。多数学者在小孢子植株再生过程中，在培养基中添加一定浓度的 NAA、6-BA、ABA、GA3 等物质，研究发现此类添加物能有效促进愈伤不定芽的分化，提高植株再生率。张亚丽等（2009）发现在 B5 培养基上添加 0.1mg/L GA3 有利于早熟大白菜小孢子形成再生植株。付文婷等（2010）研究发现在 B5 培养基上添加 0.20mg/L 6-BA 和 0.02mg/L NAA 有利于大白菜小孢子胚发育成完整植株，徐艳辉等（2001）研究表明在 MS 培养基上添加 0.5mg/L 6-BA 时大白菜小孢子植株的成活率为 92.5%。

这里以前人试验为例来比较说明不同培养基对大白菜小孢子胚状体再生成苗的影响。以西北农林科技大学园艺学院十字花科课题组提供的 5 种抗根肿病大白菜（分别是 CR 金将军、京春 CR-1、百慕田 CRD25-2、13S93×CR 金锦、CR 黄心-2）为供试材料。经过培养获得大小一致的胚状体，将这些胚状体分别转至添加 0.1mg/L GA3 同浓度的 B5 培养基、MS 培养基（8g/L 琼脂+30g/L 蔗糖）上分化，每个培养基接种 30 个胚状体，重复 3 次。恒定温度为 25℃，光周期为 16h/d，光强度为 3 000lx 的培养室内培养，3 周后，统计不同培养基处理下胚状体的转绿率、胚状体不定芽分化率、愈伤诱导率。

其中，计算胚状体转绿率的公式为：

胚转绿比率（%）= 转绿胚数/接种总胚数×100

计算胚状体不定芽分化率的公式为：

胚状体不定芽分化率（%）= 胚状体直接分化出不定芽数/接种总胚数×100

计算愈伤诱导率的公式为：

胚状体愈伤诱导率（%）= 胚状体诱导出愈伤组织数/接种总胚数×100

由表 3-6 可以看出，胚状体转到添加 0.1mg/L GA3 相同浓度的 B5 培养基和 MS 培养基上的胚转绿率、不定芽分化率和愈伤诱导率存在着显著性差异，5 种材料的胚状体转接到 B5 培养基的胚转绿率、不定芽分化率和愈伤诱导率均显著高于 MS 培养基，转接到 B5 培养基上时平均胚转绿率为 75.99%，与 MS 固体培养基相比提高了 1.84 倍；不定芽分化率为 57.33%，高于 MS 培养基 1.39 倍；愈伤诱导率为 52.67%，与 MS 培养基相比增加了 1.63 倍。总之，5 种材料的小孢子胚在 B5 培养基中生长发育状况均要优于 MS 培养基。

表 3-6　不同培养基对大白菜胚状体再生的影响

培养基	材料	接种胚数（胚）	胚转绿率（%）	平均胚转绿率（%）	不定芽分化率（%）	平均不定芽分化率（%）	愈伤诱导率（%）	平均愈伤诱导率（%）
MS	CR 金将军	30	23.33		20.00		16.67	
	京春 CR-1	30	36.66		26.66		20.00	
	百慕田 CRD25-2	30	30.00	26.67b	30.00	23.99b	23.33	20.00b
	13S93×CR 金锦	30	16.66		23.33		13.33	
	CR 黄心-2	30	26.66		20.00		26.67	

（续表）

培养基	材料	接种胚数（胚）	胚转绿率（%）	平均胚转绿率（%）	不定芽分化率（%）	平均不定芽分化率（%）	愈伤诱导率（%）	平均愈伤诱导率（%）
	CR 金将军	30	60.00		43.33		36.67	
	京春 CR-1	30	83.33		66.67		56.67	
B5	百慕田 CRD25-2	30	80.00	75.99a	63.33	57.33a	60.00	52.67a
	13S93×CR 金锦	30	83.33		53.33		46.67	
	CR 黄心-2	30	73.33		60.00		63.33	

注：表中不同处理之间差异显著用不同小写字母表示（P<0.05）

由图 3-11 可见，百慕田 CRD25-2 胚状体在 B5 培养基（图 3-11a）上分化不定芽数量多，分化率高，不定芽密集，生长良好；而在 MS 培养基（图 3-11b）上不定芽分化数量少，生长迟缓。由此可见，B5 培养基有利于大白菜胚状体转绿，快速形成愈伤组织，促进不定芽分化。

（a）B5培养基上不定芽　　　　　（b）MS培养基上不定芽

**图 3-11　B5 培养基和 MS 培养基上百慕田 CRD25-2
植株再生不定芽的情况（付丹丹，2019）**

第四章　甘蓝型油菜游离小孢子培养技术

油菜共有三大类型，即白菜型油菜（*Brassia campestris* L.）、芥菜型油菜（*Brassica juncea* L.）、甘蓝型油菜（*Brassica napus* L.），如图4-1所示，其中，甘蓝型油菜籽粒产量最高，油菜籽含油量也较高，一般为30%~50%，是我国重要的冬季油料作物。应用现代生物技术，尤其是以游离小孢子培养为代表的单倍体育种技术，在甘蓝型油菜制种实践和研究中均取得了较大的研究成果。所以，本章针对甘蓝型油菜游离小孢子培养技术的相关内容展开细致探讨，内容包括甘蓝型油菜游离小孢子培养材料的选择和处理、甘蓝型油菜游离小孢子培养的培养基及其配制、甘蓝型油菜游离小孢子培养操作方法、甘蓝型油菜小孢子胚胎发生细胞学观察、甘蓝型油菜小孢子胚胎发生及植株再生的影响因素分析、甘蓝型油菜小孢子再生植株的倍性鉴定等。

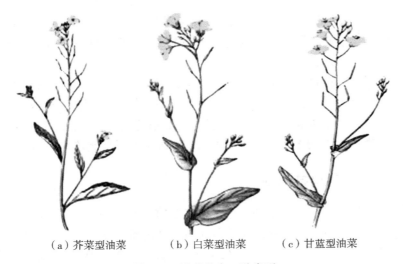

（a）芥菜型油菜　　　（b）白菜型油菜　　　（c）甘蓝型油菜

图4-1　油菜共有3种类型

第一节　甘蓝型油菜游离小孢子培养的前期准备

一、培养材料的选择和处理

自 Lichter 在 1982 年首次在甘蓝型油菜游离小孢子培养上获得再生植株后，国内外许多学者为了探究甘蓝小孢子培养效果，加快甘蓝单倍体育种进程，对甘蓝型油菜小孢子培养技术进行了广泛的研究。

通过游离小孢子培养技术，能够有效缩短甘蓝型油菜的育种年限。这对于甘蓝型油菜的快速繁殖、突变育种、转基因育种等都有很大助益。

甘蓝型油菜游离小孢子培养材料，一般主要是在秋季露地栽培于各大农业科学院试验基地或农场、试验田，并进行常规管理。在次年 2—3 月油菜花开花前 15d 时每个品种移栽 2 棵到花盆中，后置于光照培养箱中控温培养（15℃/14h 光照、8℃/10h 黑暗），并进行常规管理。

比较典型的用于小孢子培养的甘蓝型油菜品种有四川省农业科学院作物所油菜课题组研制的 NEA（新胞质雄性不育系）和 NER（新胞质雄性不育恢复系），其中，NEA 与现有波里马胞质不育（Pol. CMS）类型完全不同，其花朵不育度、不育花朵率及群体不育株率均达 100%，不育性稳定彻底，不受环境因素影响，异交结实高；NEA 的恢复系 NER 恢复力强，花粉量充足，散粉性好，杂交种种子纯度高。

另外，江西省农业科学院作物研究所的育种后代材料（包括 2011 年的 0L0 系列和 03 系列、2012 年的 11 系列和 1L 系列等）、湖南农业大学提供的湘杂油 1613、西北农林科技大学园艺学院甘蓝育种课题组提供的小孢子培养材料早熟 QD 和新绿洲、中熟 C64、晚熟 C69 等也是比较典型的代表。

二、培养基及其配制

一般情况下，在对植物进行组织培养之前，要对培养过程中所用到的培养基进行选择和预备，这是组织培养获得成功的重要保障之一。目前，培养基的种类数量较多，且不同种类的培养基，其特点和适用范围也各有偏重，需要结合试验的具体情况来选择。典型的基础培养基包括 MS 培养基、B5 培养基和 NLN 培养基等。这里，我们主要就 MS 培养基、B5 培养基进行详细论述。

（一）MS 培养基

MS 培养基是 Murashige 和 Skoog 于 1962 年为烟草细胞培养设计的，是目前使用最普遍的培养基。这里，我们就对 MS 培养基的特点和配制进行简要论述。

1. MS 培养基特点

MS 培养基的特点主要包括以下几个方面。

（1）MS 培养基具有较高浓度的无机盐，能满足组织生长所需的矿质营养，并且对愈伤组织的生长也有一定的加速作用。

（2）MS 培养基中的硝酸盐、钾和铵的含量比其他培养基要高。

（3）MS 培养基有固体培养基（用于诱导愈伤组织和胚、茎段、茎尖、花药的培养）和液体培养基（用于细胞悬浮培养时能获得明显的成功）两种形式，能满足不同的试验需求。

（4）MS 培养基中离子浓度较高，在配制、贮存以及使用时，哪怕有些成分稍有偏差，也不会对离子间的平衡产生太大的影响。

（5）在 MS 培养基中，无机养分的数量和比例足以满足植物细胞生长的需要。一般不用再添加其他有机附加成分。

2. MS 培养基的配制

MS 培养基母液成分如下（括号内为每升培养基内所含的量）。

（1）大量元素。MS 培养基中的大量元素包括 KNO_3（1 900 mg/L）、NH_4NO_3（1 650 mg/L）、KH_2PO_4（170 mg/L）、$MgSO_4 \cdot 7H_2O$（370 mg/L）、$CaCl_2 \cdot 2H_2O$。

（2）微量元素。MS 培养基中的微量元素包括 KI（0.83 mg/L）、H_3BO_3（6.2 mg/L）、$MnSO_4 \cdot 4H_2O$（22.3 mg/L）、$ZnSO_4 \cdot 7H_2O$（8.6 mg/L）、$Na_2MoO_4 \cdot 2H_2O$（0.25 mg/L）、$CoCl_2 \cdot 6H_2O$（0.025 mg/L）、$CuSO_4 \cdot 5H_2O$（0.025 mg/L）。

（3）铁盐。MS 培养基中的铁盐主要有 Na_2-EDTA（37.3 mg/L）和 $FeSO_4 \cdot 7H_2O$（27.8 mg/L）两种。

（4）有机成分。MS 培养基中的有机成分主要包括肌醇（100 mg/L）、甘氨酸（2.0 mg/L）、烟酸（0.5 mg/L）、盐酸吡哆醇（0.5 mg/L）、盐酸硫胺素（0.1 mg/L）、蔗糖（30 g/L）、琼脂（7 g/L）。

这里需要注意的是，培养基调配好以后，pH 值必须调整在 5.85~5.95。

（二）B5 培养基

B5 培养基最早是由甘博格（Gamborg）等在 1968 年设计的，主要由

KNO_3、$CaCl_2 \cdot 2H_2O$、$MgSO_4$、磷酸盐等组成。该试剂特点是铵盐含量较低，硝酸盐和硫胺素含量较高，经高压灭菌后能成为无菌溶液，可用于培养双子叶植物（尤其是木本植物）的生长。

B5 培养基母液成分如下（括号内为每升培养基内所含的量）。

（1）大量元素。B5 培养基中的大量元素包括 KNO_3（2 500mg/L）、$MgSO_4$（250mg/L）、$CaCl_2 \cdot 2H_2O$（150mg/L）、$(NH_4)_2SO_4$（134mg/L）、$NaH_2PO_4 \cdot H_2O$（150mg/L）。

（2）微量元素。B5 培养基中的微量元素包括 KI（0.75mg/L）、H_3BO_3（3.0mg/L）、$MnSO_4 \cdot 4H_2O$（10mg/L）、$ZnSO_4 \cdot 7H_2O$（2.0mg/L）、$Na_2MoO_4 \cdot 2H_2O$（0.25mg/L）、$CoCl_2 \cdot 6H_2O$（0.025mg/L）、$CuSO_4 \cdot 5H_2O$（0.025mg/L）。

（3）铁盐。B5 培养基中的铁盐主要有 Na_2-EDTA（37.3mg/L）和 $FeSO_4 \cdot 7H_2O$（27.8mg/L）两种。

（4）有机成分。B5 培养基中的有机成分主要包括肌醇（100mg/L）、烟酸（1.0mg/L）、盐酸吡哆醇（1.0mg/L）、盐酸硫胺素（10mg/L）。

研究发现，有些植物的愈伤组织和细胞培养物在 MS 培养基上生长得好，有些在 B5 培养基上生长得更适宜。具体选择那种培养基，需要视具体情况而定。

第二节　甘蓝型油菜游离小孢子培养操作方法

甘蓝型油菜游离小孢子培养的过程如图 4-2 所示，其操作方法主要可分为花蕾的选择和消毒、小孢子的游离培养、胚状体分化成苗以及继代生根，炼苗移栽等步骤，具体如下。

一、花蕾的选择和消毒

花蕾的选择和消毒过程主要如下。

（1）在初花期，选取生长健壮的甘蓝型油菜植株。

（2）在植株的主花序或一次分枝花序上选取合适的花蕾（通常为 3mm 左右）。

（3）用流水对花蕾进行冲洗（减少污染），时间以 1min 左右为宜。

（4）先用 75% 酒精进行灭菌，时间为 30s；再用 2% 的 NaClO 进行灭菌，时间为 10~12min。

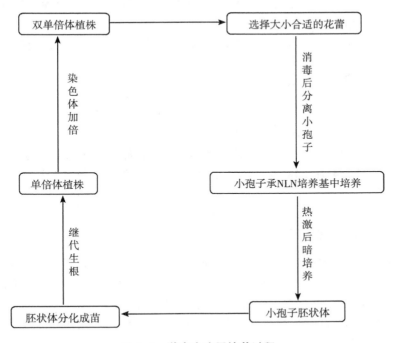

图 4-2 游离小孢子培养过程

（5）再用无菌水进行冲洗，每次 3min，清洗 3 次。

（6）清洗完成后，加入少量 B5 培养基（经高温高压灭菌）后，用平头玻棒磨碎花蕾，以游离出小孢子。

（7）用尼龙布（300 目）进行过滤，并用离心管收集滤液。

二、小孢子诱导成胚

甘蓝型油菜小孢子胚状体的诱导过程主要如下。

（1）在离心管中再添加适量 B5 培养基，并进行 3min（1 000r/min）离心，去掉上清液。重复 3 次。

（2）用 NLN-13 液体培养基（含 Nitsch 培养基基本成分，含 13% 蔗糖，不含激素，pH 值为 5.8，0.2μm 滤膜过滤灭菌）对小孢子进行悬浮培养，并用血球计数板对培养密度进行监控，以（1~2）×10^5 个/mL 的密度为宜。

（3）分装进培养皿中（密度约 1 个花蕾/mL），每个培养皿 5mL，并加入一滴经高温高压灭菌的 1% 的活性炭。

（4）分装完成后使用 Parafilm 封口膜进行封口，并把培养皿置于 32℃黑暗条件下培养 3d。

（5）其后，把培养皿置于 25℃黑暗条件下培养约 22d，使小孢子出胚。

三、胚状体分化成苗

小孢子暗培养 30d 左右后，其分化出肉眼可见的胚状体。这时，需要对胚状体进行分化，以培养成苗。一般情况下，首先需要在超净工作台上取出大小合适的子叶形胚；然后将其转移到 B5 分化成苗培养基上，每瓶接种约 10 个胚；最后再在 20℃左右的培养室中进行培养，光周期 16h，光照强度为 2 500lx。

四、再生植株生根

将小孢子培养诱导形成的不定芽移至 1/2MS 生根培养基上（MS 培养基，蔗糖 2%，0.2mg/L NAA，琼脂 0.9%，pH＝6.0），1 个月后统计增殖情况。生长条件为（25±1）℃、14h 光照/10h 黑暗。

生根培养 30d 后，再生苗根系生长的就很健壮，可以进行移栽了，但要注意以下几点。

一是移栽前，需要先松开培养瓶盖，在室温条件下进行 3~5d 炼苗。

二是移栽时，用清水洗净再生苗根部培养基，植于装有混合灭菌基质（草炭：蛭石：园土＝1：1：1）的穴盘中，塑料膜罩住保湿，在温室中培养 7d 时，取幼嫩叶片采用流式细胞仪进行倍性鉴定。

三是对确定为二倍体的幼苗直接移栽入大田，而单倍体幼苗先用 150mg/L 秋水仙碱浸根 24h，后在穴盘中驯化生长 5d 时移栽入大田。

第三节　甘蓝型油菜小孢子再生植株的倍性鉴定

利用小孢子培养技术可以在短时间内获得大量双单倍体群体，在油菜及其近缘种作物的遗传研究及育种应用中均具有十分重要的意义。在游离小孢子培养过程中，小孢子培养得到的再生植株一般会发生不同程度的自然加倍，也就是说小孢子再生植株是一个包含单倍体、二倍体、三倍体、四倍体以及嵌合体的混合群体。另外，由于不同基因型油菜小孢子再生苗的自然加倍率也有差异，因此有必要对小孢子再生植株群体进行倍性鉴定，以便于人们的生产应用。

一、小孢子单倍体加倍方法

目前，较为普遍的方法是用秋水仙素对油菜小孢子单倍体进行染色体加倍。在小孢子培养过程中，无论是游离小孢子时期还是再生植株时期，用秋水仙素处理都有较好的表现，主要的处理方法见图4-3。

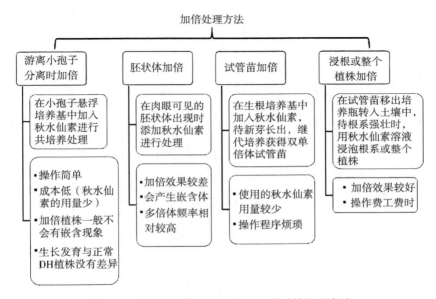

图4-3 用秋水仙素进行染色体加倍时的处理方法

这里需要注意的是，使用试管苗加倍处理方法时存在以下两方面的问题。

一是处理试管苗未进行倍性检测，会使部分自然加倍的二倍体再次加倍。

二是试管苗的倍性极不稳定，处理过的小植株移入土壤后其倍性可能会发生变化。

二、小孢子再生植株及加倍植株倍性检测

在倍性育种及其应用中，倍性检测是一个十分重要的环节。一个好的倍性鉴定方法应该具有以下几方面的优点。

一是简单有效，能尽早鉴定出植株的倍性水平。

二是能有效降低成本。

三是能有效减少育种的工作量及盲目性，这对育种的进程有着一定的加速作用。

常用于甘蓝型油菜小孢子再生植株的倍性检测方法如图 4-4 所示。

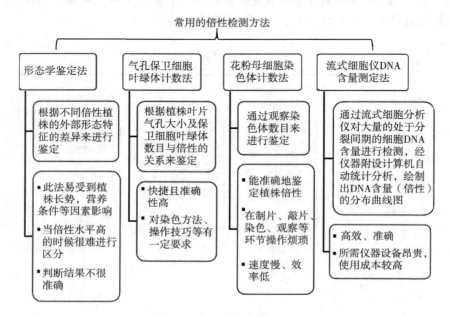

图 4-4　常用的倍性检测方法

在对甘蓝型油菜小孢子再生植株进行倍性鉴定时，通常需要检测大量的研究材料。米哲等（2011）以来自中国农业科学院油料作物研究所油菜杂种优势利用课题组的甘蓝型油菜品种（系）及其杂交后代为材料，用流式细胞仪对甘蓝型油菜小孢子再生植株的倍性鉴定进行了相关试验。我们以此试验为例来说明利用流式细胞仪鉴定甘蓝型油菜再生植株倍性的方法，具体试验步骤和结果如下。

（一）样品的制备和染色

样品的制备和染色步骤具体如下。

（1）取 200mg 新鲜幼嫩叶片，放置培养皿内。

（2）往培养皿内加入 50μL 预冷细胞核分离液（pH 值为 7.5，其组分见表 4-1）。

表 4-1 预冷细胞核分离液成分

Tris（mmol/L）	MgCl$_2$（mmol/L）	NaCl（mmol/L）	Triton X-100
200	4	85.6	0.5%

（3）先用刀片把叶片切碎，然后用 38m 孔径的滤网进行过滤，并用样品杯把滤液收集起来。

（4）往样品杯中加入 50L DAPI 染液和 50L 参比液。

这里需要注意，参比液为 1 滴鲑鱼红细胞和 600μL DAPI 染液的混合液，充分混匀后置冰上备用；细胞样品中要有足够的细胞数量，需保持在 (1×10^5) ~ (1×10^7) 个/mL。

（二）结果统计

研究人员用流式细胞仪对 353 株小孢子再生植株的细胞核 DNA 进行了检测，所有样品均表现为单峰，没有发现混倍体（图 4-5）。其细胞核 DNA 含量的变异幅度为 $(1.27~4.91)\times10^{-12}$ g，主要集中在 3 个区域，分别为 $(1.27~1.43)\times10^{-12}$ g（241 株），$(2.23~2.54)\times10^{-12}$ g（107 株），$(4.58~4.91)\times10^{-12}$ g（5 株），平均值分别为 1.39×10^{-12} g，2.38×10^{-12} g，4.73×10^{-12} g（见表 4-2，表中"1n"代表单倍体，"2n"代表双倍体，"4n"代表四倍体）。由于甘蓝型油菜的细胞核 DNA 含量一般在 $(2.2~2.5)\times10^{-12}$ g，因此认为这 3 个区域的植株分别为单倍体、二倍体和四倍体。

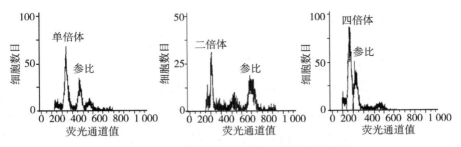

图 4-5 不同倍性甘蓝型油菜小孢子植株叶片
细胞核 DNA 相对含量曲线（米哲等，2011）

表 4-2　甘蓝型油菜小孢子再生植株细胞核 DNA 含量分布情况

倍性	植株数	细胞核 DNA 含量（$\times 10^{-12}$g）			变异系数（%）
		最大值	最小值	平均值	
1n	241	1. 43	1. 27	1. 39	3. 42
2n	107	2. 54	2. 23	2. 38	2. 95
4n	5	4. 91	4. 58	4. 73	2. 37

经流式细胞仪鉴定，这三种倍性的植株的表现如图 4-6 所示。

经流式细胞仪鉴定为单倍体的植株

表现：
- 株型瘦小
- 雄蕊干瘪短小，几乎不产生花粉，套袋自交不能结实
- 个别单倍体植株的雄蕊有微量花粉产生，存在有活力的花粉，但是数量较少，套袋自交不能结实，开放授粉有少数种子

经流式细胞仪鉴定为二倍体的植株

表现：
- 形态正常，花蕾饱满
- 雄蕊正常，全部能产生花粉，套袋自交可以结实
- 形态鉴定全部为二倍体

经流式细胞仪鉴定出的四倍体单株

表现：
- 茎秆粗壮，花蕾饱满膨大
- 叶片形状不规则，叶片厚，叶色深
- 雌蕊膨大且高于雄蕊，育性较差
- 自交每个角果平均仅结1～2粒种子

图 4-6　经流式细胞仪鉴定的三种倍性的植株的表现

此外，祁魏峥等（2015）选取了 50 种来自北京市农林科学院蔬菜研究中心 4 号温室大棚的均已出胚的结球甘蓝花蕾，对甘蓝型油菜小孢子再生植株的自然加倍率进行了相关研究。在这 50 个出胚品种中，分化出再生植株的品种共有 35 种，用流式细胞仪对再生植株进行检测，植株加倍如图 4-7 所示。

图中“1n+2n”代表单倍体和双倍体的嵌合体；“2n+4n”代表双倍体

品种	1n	1n+2n	2n	2n+4n	4n
214	2	5	25	1	4
215-5	4	0	1	0	0
217	7	3	6	1	0
219-1	0	0	3	1	0
220-2	0	0	0	0	1
221-2	8	1	11	0	0
222-1	13	5	3	1	3
225	12	20	8	1	0
235-1	10	1	0	0	1
235-2	23	12	2	0	0
236	63	28	8	0	0
242-1	1	2	0	0	0
244-3	0	3	2	1	0
246	28	12	22	1	0
250-4	1	0	0	0	0
251	3	0	13	0	0
253-2	5	3	1	0	0
255-1	4	0	3	0	0
330-5	1	0	0	0	4
A355	4	5	34	1	18
BDH1	11	12	6	0	0
BDH3	42	49	8	3	2
BDH4	0	0	3	0	5
BDH5	48	23	41	4	3
BODH2-5	2	1	1	0	0
Z10	4	3	1	0	0
Z23	0	1	0	0	0
Z24	0	0	1	0	0
Z43	0	0	2	0	0
Z48	27	3	29	2	11
Z56	3	1	0	0	0
Z60	9	8	3	0	0
Z61	7	4	0	0	0
Z71	1	1	0	0	0
Z78	6	0	0	0	0

不同品种的植株自然加倍率

图4-7　植株自然加倍率

和四倍体的嵌合体。由图4-7可知，在35种（共806株）甘蓝的加倍情况中，没有加倍成三倍体的甘蓝品种，只单倍体、二倍体、四倍体、单倍体和二倍体的嵌合体以及二倍体和四倍体的嵌合体这5种类型。在培养条件基本一致的条件下，加倍情况存在较大差异的原因可能是基因型的差异。

第四节　甘蓝型油菜小孢子胚胎发生细胞学观察

在对甘蓝型油菜小孢子胚胎发生情况进行细胞学观察之前，做好以下几项准备工作。

一是接种后每天（或每隔 1d）用显微镜观察小孢子及胚状体的发育情况，并对细胞膨大及分裂的数目进行统计和照相；接种 21d 后，统计胚数并计算胚产量。

二是用小指形管收集 0.5mL 小孢子悬浮培养液，再往管内加 2 滴 FDA 溶液（0.1mg/mL）并混匀，室温下作用 5min 后制片，并通过荧光显微镜进行观察和统计。

三是在对小孢子培养的悬浮液进行离心沉淀后去掉培养基，并用 3% 戊二醛进行固定，然后置于 4℃ 冰箱中过夜；次日重离心，并用 2% 琼脂对小孢子进行固化，再加入 3% 戊二醛固定液，然后用磷酸缓冲液进行清洗；清洗完成后再用 1% 锇酸固定 4h，其后用磷酸缓冲液进行清洗，丙酮梯度脱水；最后进行切片并用甲苯胺蓝染色制样，以便进行相关观察和拍照。

一、细胞生活力观察

余凤群等于 1998 年应用甘蓝型油菜 DH 系保 604 为材料研究小孢子胚发生过程，结果表明，游离小孢子分离培养后不同天数细胞的活力情况见表 4-3。

表 4-3　游离小孢子分离培养后不同天数细胞的活力情况

项目	培养天数（d）							
	0	1	2	3	4	5	7	14
细胞存活力（%）	79.15	67.35	30.93	10.66	4.15	2.52	1.21	0.52
观察细胞数	762	748	785	1 023	854	1 076	1 124	1 256

从表 4-3 可以看出以下内容。

一是培养后 1~3d，小孢子大量死亡，并且随着培养天数的增加，越来越多的细胞失去了生活力。

二是培养 1 周后，已死亡的细胞将近 99%。

三是培养 2 周后，只有 0.52% 的细胞具有活力。

四是在培养 21d 后，肉眼可见鱼雷形胚状体。

二、培养细胞的膨大与分裂观察

余凤群等发现，培养细胞 1~5d 后细胞的膨大与分裂情况见表 4-4。

表4-4　培养细胞的膨大与分裂

		膨大细胞（%）	分裂细胞（%）	细胞数	分裂细胞类型
培养天数（d）	1	10.25	0	721	
	2	39.41	5.22	680	2-细胞
	3	45.38	8.32	835	2-细胞、3-细胞
	4	46.8	9.24	856	2-细胞、3-细胞、多细胞团
	5	47.21	9.21	748	2-细胞、3-细胞、多细胞团

由表4-4可知：

（1）培养初期，从3~4mm长花蕾中分离出的小孢子呈圆形，其直径大为16~20μm。

（2）培养1d后，部分细胞明显膨大。

（3）培养2d后，膨大的细胞直径达24~40μm，并且部分膨大的细胞开始分裂（图4-8），但往往只是分裂一次。而未发生明显膨大的细胞一般在培养2d后细胞质开始收缩和瓦解。这说明小孢子培养后细胞的膨大是其分裂的先兆。

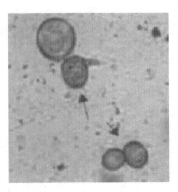

图4-8　部分膨大的细胞
（箭头指示为未膨大的细胞，×400）

（4）在培养后1~3d中，随着培养天数的延长，细胞膨大和分裂的比例逐渐增加，尤其是在3d后，部分细胞进行了第2次分裂。

（5）直到4~5d后其增加的速度才趋于缓慢或基本保持不变。此时部分细胞已进行多次分裂，但仍有一些细胞停留在2-细胞、3-细胞阶段，出现2-细胞、3-细胞与多细胞团并存的现象。并且此时的细胞质几乎全部退化或剩下残迹，小孢子呈"空壳"状。

此外，在同期观察的情况下，膨大的细胞数要远比分裂的细胞数多，这说明只有少部分膨大的小孢子发生了分裂。

三、胚的形成过程及细胞形态观察

在进行有效培养后，余凤群等发现小孢子首先发生细胞膨大，进而分裂形成如图4-9所示的2-细胞原胚。这里需要注意的是，该原胚的两个子细胞的大小并不一定，有时大小相近，有时差异较大（这可能是因为其中一个子细胞又发生了分化而导致的）。

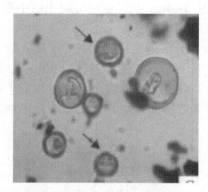

图4-9　2-细胞原胚（箭头指示为未发育的细胞，×400）

随后，其中一个子细胞会先发生分裂，其分裂方向垂直于子细胞壁，进而形成3-细胞原胚；然后再发生垂直及平行方向的分裂，形成如图4-10所

图4-10　多细胞团的胚状体主体部分

示的多细胞团的胚状体主体部分。

　　而细胞原胚中的另一子细胞分裂较慢，一般主要是发生平行方向的分裂而形成胚柄。

　　一般情况下，小孢子培养 7~10d 后，正常胚状体会发育成近似如图 4-11 所示的长形或圆球状，且携带着胚柄，但胚的主体部分明显大于胚柄部分。

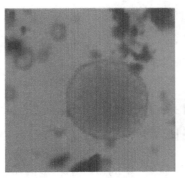

图 4-11　小孢子培养 7~10d 后正常胚状体的发育形状

　　随着胚状体的进一步生长，胚顶端子叶原基开始分化，大多胚柄也已脱落，这时胚状体的形状如图 4-12 所示。

图 4-12　胚顶端子叶原基分化后胚状体的形状

　　随着子叶和胚轴细胞的继续分裂，胚状体的体积会变得更大，逐渐发育成如图 4-13 所示的"鱼雷胚"。

　　另外，在培养 2~3d 后，虽然部分细胞明显开始膨大，但由于细胞的恶性膨大胀破了小孢子壁，其不会再发生分裂。一般在培养 4~5d 后，这种细胞就会发生解体。

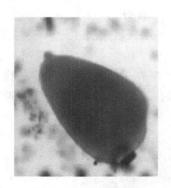

图4-13 "鱼雷胚"

第五节　甘蓝型油菜小孢子胚胎发生及植株再生的影响因素分析

在甘蓝型油菜小孢子胚胎发生及植株再生的过程中，基因型、温度、消毒方法及浓度等因素都会对其产生一定的影响。下面，我们就对这些典型的影响因素进行详细论述。

一、基因型对甘蓝型油菜小孢子培养的影响

研究表明，不同基因型的植株上分离出的小孢子，其产胚率存在着较大的差异。为了研究基因型和取样时间对甘蓝型油菜小孢子产胚率的影响，米哲等于2011年进行了专门的试验，他们以11种不同基因型的甘蓝型油菜品系为供体材料，在武汉田间，分别于初花期和盛花期分离培养小孢子，通过采用流式细胞仪测定小孢子再生苗的DNA含量鉴定其倍性，并种植验证，结果见图4-14。

由图4-14可知，不同类型的基因型因取样时期的不同，其产胚率也存在较大不同。

二、小孢子形成阶段温度对甘蓝型油菜小孢子产胚率的影响

在小孢子形成阶段，温度对甘蓝型油菜小孢子的产胚率有着很重要的影响。李浩杰等（2009）以四川成都生态区甘蓝型油菜（07-D2933和09-S101-106）为研究对象，对其在不同温度下形成的小孢子进行培养，30d后

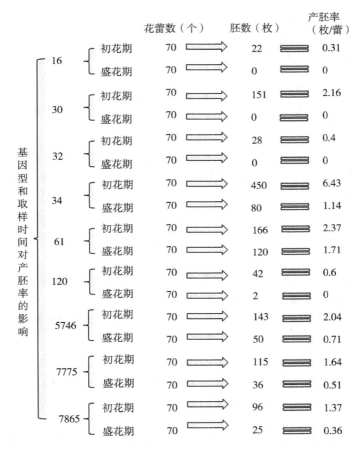

图4-14　基因型和取样时间对甘蓝型油菜小孢子产胚率的影响

统计小孢子产胚量，结果见表4-5。

表4-5　形成温度对甘蓝型油菜小孢子产胚率的影响

材料	温度（℃）	现胚期	产胚量 （胚数/蕾）	产胚量范围
	5			
	5~10	25	5.0	0.5~20.0
07-D2933	10~15	12	31.6	8.0~300.0
	I5~20	20	16.0	4.0~5.0
	>20	23	0.2	0.0~2.0

（续表）

材料	温度（℃）	现胚期	产胚量 （胚数/蕾）	产胚量范围
	5			0
	5~10	26	3.0	0~18.0
09-S101-106	10~15	15	19.0	8.0~82.8
	I5~20	21	16.0	4.0~50.0
	>20			

由表4-5可以看出，在小孢子形成阶段，温度对小孢子的产率影响很大，最适温度为10~15℃，温度低于5℃或高于20℃均不利于小孢子胚状体的发生，主要表现如下：

（1）在温度为5℃下，07-D2933材料的小孢子培养不出胚。10~15℃下小孢子的胚产量高达300枚/蕾，是07-D2933材料进行小孢子培养较为适合的温度条件。

（2）材料09-S101-106在较低温度（5℃）和较高温度（高于20℃）的条件下均未见胚状体的发生；而在10~15℃，昼夜温差为5℃的条件下，胚产量高达82.8枚/蕾。所以说，10~15℃，昼夜温差为5℃的培养条件有利于09-S101-106材料的小孢子培养。

此外，温度对现胚期也有较大的影响。观察发现，在10~15℃，材料07-D12933形成小孢子的现胚期为12d，5~10℃下则为25d；而材料09-S101-106在10~15℃下形成小孢子的现胚期为15d，5~10℃下则为26d。

三、消毒方法及浓度对甘蓝型油菜小孢子产胚率的影响

在甘蓝型油菜小孢子培养过程中，消毒方法及浓度会在一定程度上影响其产胚率。为了对比分析消毒方法及浓度对甘蓝型油菜小孢子产胚率的影响，李浩杰等（2009）用浓度为1%、2%、4%、8%、10%的次氯酸钠（NaClO）或$HgCl_2$（0.1%）对供试材料进行消毒，消毒时间8~15min。培养至第5天统计污染情况，30d后统计产胚量，结果见表4-6。

表4-6　消毒方法对小孢子胚产率的影响

消毒剂及 浓度	处理时间 （min）	污染率（%）	平均每蕾产 胚（个）
1% NaClO	8~10	100	0.0
	15	100	0.0

（续表）

消毒剂及 浓度	处理时间 （min）	污染率（%）	平均每蕾产 胚（个）
2% NaClO	8~10	70	10.0
	15	40	7.5
4% NaClO	8~10	30	2.3
	15	10	1.5
8% NaClO	8~10	10	0.0
	15	5	0.0
10% NaClO	8~10	2	0.0
	15	0	0.0
0.1% HgCl$_2$	8~10	0	8.6
	15	0	6.0

由表 4-6 可知：

（1）部分供试材料污染率较高，这是由于消毒剂浓度较低或消毒时间较短造成的；而有效消毒后的培养皿未被污染，并获得了较高的产胚率。

（2）虽然通过提高消毒剂浓度或延长消毒的时间能有效降低供试材料的污染率，但对其产胚也会造成一定的影响，使产胚率下降。

（3）使用 2% NaClO 消毒 8~15min 时，小孢子的胚产量较高，但其污染率也较高，即使消毒 15min 的情况下，污染率仍达 40%；而使用 0.1% HgCl$_2$ 消毒 8~15min 的情况下，污染率均为零，尤其是在消毒 8~10min 的情况下，产胚率最高。

所以，通过对比二者的产胚率和污染率结果，使用 0.1% HgCl$_2$ 消毒剂的培养效果最佳。

此外，株龄、培养基中活性炭的浓度、套袋保温保湿处理等也都会影响小孢子的产率。有研究表明，不同株龄下小孢子胚产量的差异显著，而在培养基中加入活性炭，对培养前的植株进行套袋保温保湿处理能有效提高小孢子胚产量。

第五章 芜菁游离小孢子培养技术

　　芜菁又称蔓菁、圆菜头、盘菜，新疆人称恰玛古，是十字花科芸薹属芸薹种二年生根菜类蔬菜（图5-1）。其块根肉质呈白色或黄色，球形、扁圆形或长椭圆形，须根多生于块根下的直根上。肉质根可供炒食、煮食使用，是药食两用、保肺壮身之佳品。本章主要就芜菁游离小孢子培养材料的选择和处理、芜菁游离小孢子培养的培养基及其配制、芜菁游离小孢子培养操作方法、芜菁游离小孢子胚胎发生及其显微结构观察、芜菁游离小孢子胚胎发生及植株再生的影响因素分析等方面进行详细讨论。

图 5-1 芜菁

第一节　芜菁游离小孢子培养材料的选择和处理

　　在对芜菁进行游离小孢子培养之前，需要对材料进行一定的选择和处理，这是非常重要的一个前期步骤。这里，我们就对芜菁游离小孢子培养材料的选择和处理进行详细论述，具体如下。

一、芜菁游离小孢子培养材料的选择

一般情况下，在对芜菁进行游离小孢子培养时，所用的材料通常有新疆喀什芜菁品种（叶呈羽状，裂深，裂片较宽）、新疆阿图什芜菁品种（叶片呈羽状，长而狭，茎微红）、新疆昌吉芜菁品种（叶圆形，裂浅）以及来自日本的芜菁品种（叶呈椭圆形，叶缘锯齿状）等（图5-2）。

（a）喀什芜菁；（b）阿图什芜菁；（c）昌吉芜菁；（d）日本金町芜菁

图5-2　芜菁品种叶片形态

芜菁一般在4月中旬开花，所以花蕾的选取一般也都是在4月中旬进行的，具体如下。

（1）待芜菁植株现蕾后，每日8：00—10：00自供试健壮植株的主花序或一级分支花序上，随机采摘（采蕾环境温度范围为12~15℃）若干个健康花序，选取5~10个置于4℃冰盒。

（2）带回实验室后，用镊子将花序上的花蕾轻轻取下，选取长度在2.0~3.0 mm的饱满花蕾。

二、芜菁游离小孢子培养材料的处理

对于芜菁游离小孢子培养材料的处理，主要是对所选取的芜菁游离小孢子培养材料进行消毒，消毒的步骤均需在超净工作台上完成，且所用工具及器皿均经高温灭菌并在4℃下预冷。

（1）将花蕾转移到质量分数为2%的NaClO（含2滴吐温）中冲洗10min，并不停摇晃。

（2）再用无菌水冲洗三次，时间分别为1min、4min、10min。

（3）冲洗干净后，研磨待用。

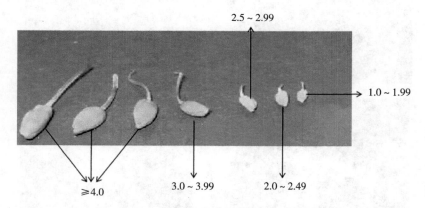

图5-3　芜菁花蕾长度级别（l/mm）

第二节　芜菁游离小孢子培养的培养基及其配制

在芜菁游离小孢子培养的过程中，常用的培养基为NLN培养基，只不过通常需要添加一些其他的激素。

1. NLN培养基母液成分如下

（1）大量元素。NLN培养基中的大量元素包括KNO_3（125mg/L）、$MgSO_4 \cdot 7H_2O$（125mg/L）、KH_2PO_4（125mg/L）、$Ca(NO_3)_2 \cdot 4H_2O$（500mg/L）。

（2）微量元素。NLN培养基中的微量元素包括KI（0.83mg/L）H_3BO_3（6.2mg/L）、$MnSO_4 \cdot 4H_2O$（22.3mg/L）、$ZnSO_4 \cdot 7H_2O$（8.6mg/L）、$Na_2MoO_4 \cdot 2H_2O$（0.25mg/L）、$CoCl_2 \cdot 6H_2O$（0.025mg/L）、$CuSO_4 \cdot 5H_2O$

（0.025mg/L）。

（3）铁盐。NLN 培养基中的铁盐主要有 Na_2-EDTA （37.3mg/L） 和 $FeSO_4 \cdot 7H_2O$ （40.0mg/L） 两种。

（4）有机成分。NLN 培养基中的有机成分主要包括谷胱甘肽（30mg/L）L-丝氨酸 （100mg/L）、甘氨酸 （2mg/L）、生物素 （0.05mg/L）、叶酸 （0.5mg/L）、肌醇 （100mg/L）、烟酸 （5.0mg/L）、盐酸吡哆醇 （0.5mg/L）、盐酸硫胺素 （0.5mg/L）、谷氨酰胺 （800mg/L）。

NLN-13 液体培养基成分见图 5-4。

2. 芜菁胚成苗和继代、生根等使用的培养基如下

（1）小孢子提取培养基（B5~B13）。无外源添加物的 B5 培养基，蔗糖含量 13%，pH 值=5.8，121℃高压灭菌。置于 4℃条件保存。

（2）胚状体分化培养基。B5+2% 蔗糖+1% 琼脂+0.05mg/L NAA+0.5mg/L 6-BA+（0~2g/L）活性炭，pH 值=5.8，121℃高压灭菌。

（3）生根培养基。B5+2%蔗糖+1%琼脂+（0.25~1mg/L）NAA，pH=5.8，121℃高压灭菌。

第三节　芜菁游离小孢子培养操作方法

芜菁游离小孢子培养的操作主要包括小孢子的分离和培养、DAPI 染色及镜检等，具体如下。

一、芜菁游离小孢子的分离和培养

一般情况下，芜菁游离小孢子的分离方法通常有两种，即自然散粉法和机械法分离，具体如图 5-5 所示。

在选好花蕾并进行消毒后，需要进行小孢子的分离和培养，具体步骤如图 5-6 所示。

期间每 1~2d 观察小孢子分化情况，每 5d 统计一次胚轴和子叶再生不定芽数量，培养 12d 时更换一次培养基，25d 后统计小孢子出胚数量。

二、芜菁游离小孢子胚状体成苗及再生植株倍性鉴定

将产生不定芽的外植体 （高为 1.5~2cm） 转接至 NAA 为 2mg/L 的 1/2MS 培养基中生根培养。

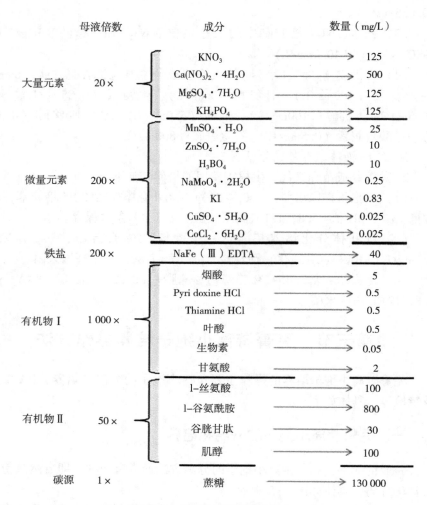

母液倍数		成分	数量（mg/L）
大量元素	20×	KNO₃	125
		Ca(NO₃)₂·4H₂O	500
		MgSO₄·7H₂O	125
		KH₄PO₄	125
微量元素	200×	MnSO₄·H₂O	25
		ZnSO₄·7H₂O	10
		H₃BO₄	10
		NaMoO₄·2H₂O	0.25
		KI	0.83
		CuSO₄·5H₂O	0.025
		CoCl₂·6H₂O	0.025
铁盐	200×	NaFe（Ⅲ）EDTA	40
有机物 I	1 000×	烟酸	5
		Pyri doxine HCl	0.5
		Thiamine HCl	0.5
		叶酸	0.5
		生物素	0.05
		甘氨酸	2
有机物 II	50×	l-丝氨酸	100
		l-谷氨酰胺	800
		谷胱甘肽	30
		肌醇	100
碳源	1×	蔗糖	130 000

图 5-4 NLN-13 液体培养基

再生植株培养 20d 后移栽于灭菌基质中（草灰：珍珠岩：蛭石=6：3：1），覆膜保湿。将再生植株置于培养箱中培养并观察生长状态。

通常选取再生植株的幼嫩新叶，待其冲洗干净后，切下约 0.1cm² 于培养皿中，用刀片迅速将叶片切碎，加入 1.5mL 的染色液，避光染色 10min，之后将样品用 40μm 尼龙筛网过滤至样品管中，以正常二倍体芜菁植株作为对照，放入流式细胞仪测定植株倍性。

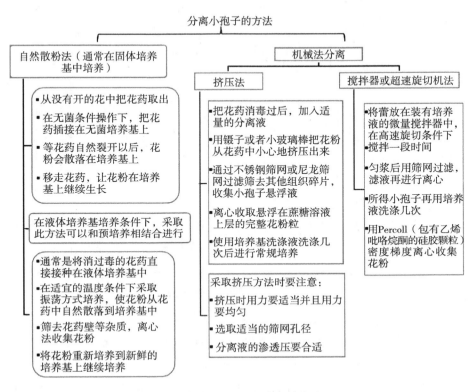

图5-5　分离小孢子的两种方法

三、培养条件试验比较

选择适当的培养条件能有效提升小孢子获得数量。在芜菁游离小孢子培养过程中，花蕾大小、热激方式、激素等培养条件的选择都对小孢子的培养有着重要的影响。为了选择合适的培养条件，进行一些相关的试验比较是非常有必要的。下面，我们就如何进行相关的试验比较进行说明，具体如下。

（一）合适的花蕾长度试验比较

花蕾的选择是试验前十分重要的一个前期步骤，选择合适的花蕾能有效促进芜菁游离小孢子的发育。为了选择合适的花蕾，通常需要按照花蕾长度对花蕾进行分级比较试验，具体操作如下。

（1）按照1.0~1.99mm、2.0~2.49mm、2.5~2.99mm、3.0~3.99mm、4.0~4.99mm五个等级分别选取相应的花蕾。

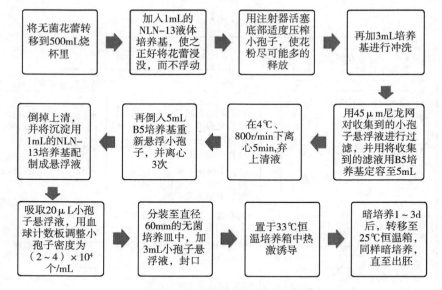

图 5-6　小孢子的分离和培养步骤

（2）在 NLN-13 培养基中培养分离出来的小孢子。

（3）用显微镜观察各等级花蕾对应的小孢子的发育情况。

（二）合适的热激处理方式试验比较

外界环境对于供试植株的生长具有很大的影响，并且还会影响花蕾中花粉的生长品质。热激处理在游离小孢子培养过程中是一种有效控制外界环境，促进供试植株生长的常用技术手段，而如何选择合适的热激处理方式，对小孢子胚胎发生具有直接影响。比较不同热激处理对出胚的影响，可按如下操作开展试验。

（1）按照长度为 1.0~1.99mm、2.0~2.49mm、2.5~2.99mm 三个等级选取花蕾进行试验。

（2）对花蕾进行消毒以及分离纯化，再进行游离培养。

（3）将接种有小孢子的培养皿分别置于 32℃ 和 33℃ 以及 25℃ 的恒温培养箱进行热激处理，处理时间分别为 0d、1d、2d、3d。

（4）热激完成后，将培养皿置于 25℃ 条件下，暗培养，直至胚状体出现，并对出胚情况进行相关观察。

（三）合适的激素选择试验比较

在植物的生长过程中，激素发挥着重要的作用，其对植物的生长、分化

和发育都有着一定的影响。在对芜菁游离小孢子进行培养时，一般都会在
NLN-13 培养基中添加 2 种不同浓度的激素 6-BA、NAA 以得到理想的结果。
合适激素的选择试验可按如下操作进行。

（1）选取长度在 2.0~2.49mm 的花蕾作为供试材料。

（2）对选取的花蕾进行消毒、分离纯化。

（3）纯化完成后将小孢子配成悬浮液，培养浓度以（1.0~2）×10^4 个/mL
为宜。

（4）分装，每皿 3mL 悬浮液（皿直径为 60mm），每一激素配比有 5
皿。激素配比见表 5-1。

表 5-1　激素配比

序号	6-BA（mg/L）	NAA（mg/L）
1	0	0
2	0.05	0
3	0.05	0.1
4	0.1	0.1
5	0.1	0
6	0	0.1

此外，为了研究活性炭的使用在小孢子培养中发挥的作用，也可以进行
一些相关的试验。限于本书篇幅，此处不再详细介绍，有兴趣的读者，可参
考相关资料文献。

第四节　芜菁游离小孢子胚胎发生及其
显微结构观察研究

本节主要就芜菁小孢子不同发育时期及小孢子胚胎发生的荧光显微观察
等方面进行详细论述，具体如下。

一、小孢子不同发育时期的荧光显微观察

在植株始花期，将 5 个等级的花蕾分别取 12~15 个，用 2% NaClO 进行
10min 的清洗，然后用无菌水冲洗 3 次；其后用注射器活塞的底部旋转挤压
花蕾，并加入 4mL 的 NLN-13 培养基提取小孢子，并用冷冻离心机进行 3
次 6 000r/min 离心，每次 5min；离心完成后倒掉上清，并将 10μL 的 DAPI

染色液（DAPI 染色液成分见表 5-2）加到沉淀里，避光染色 15min，制片；将制备好的切片放在 4℃冰箱中，过夜。之后可以在荧光显微镜下观察。

表 5-2　DAPI 染色液成分

类型	成分	数量（mM）
细胞核提取缓冲液	Tris-HCl	10
	NaCl	10
	乙二醇	200
	四盐酸精胺	10
	DAPI	2.5μg/mL
	甘油/DAPI 染液	1∶1（V/V）

一般情况下，芜菁小孢子的发育过程可分为四分体时期，单核早、中期，单核靠边期，双核期，三核期五种类型。通过对芜菁不同发育时期的花粉进行 DAPI 染色，并进行细胞学观察，其结果见图 5-7。

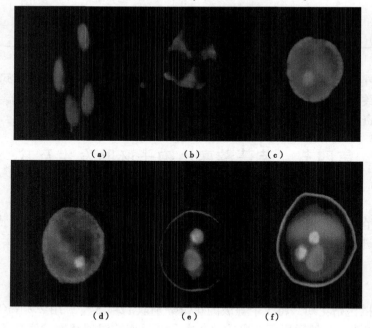

（a）四分体时期；（b）单核早、中期；（c）～（d）单核靠边期；
（e）双核期；（f）三核期

图 5-7　不同发育时期小孢子的 DAPI 荧光染色（40×10）（王娜等，2016）

芜菁小孢子在不同发育时期的特征及其形态见图 5-8。

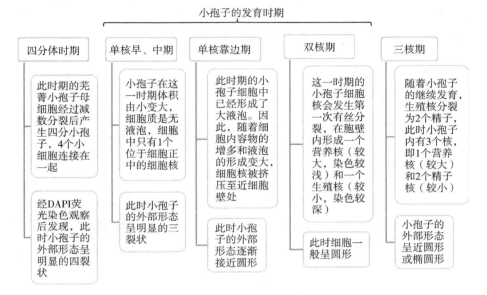

图 5-8　小孢子在不同发育时期的特征及其形态

二、芜菁游离小孢子胚胎发生

2016 年，王娜等以新疆柯坪县当地农家品种'阿恰芜菁'为供试材料，利用倒置显微镜观察了解小孢子培养过程中胚状体离体发育过程。结果表明，小孢子胚状体在发育的过程中，主要有以下几个方面的表现。

（1）芜菁小孢子在 NLN-13 培养基中经 33℃热激处理 24h 后，部分小孢子体积明显膨大（为热激前的 3~4 倍），形状多为圆球形，如图 5-9 所示。

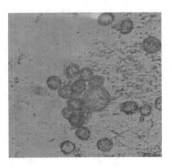

图 5-9　热激 24h 后膨大的小孢子（60×10）

（2）3~4d后，一小部分膨大为圆球形的芜菁小孢子发生了细胞分裂（第一次），且多数是以如图5-10（a）所示的均等分裂方式进行分裂；极个别小孢子以如图5-10（b）所示的不均等分裂方式进行分裂。

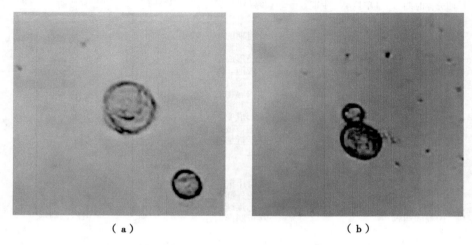

（a）   （b）

（a）均等分裂的细胞（20×10）；（b）不均等分裂的细胞（20×10）

图5-10　细胞的分裂形式

（3）10d后，在显微镜下观察发现，芜菁小孢子细胞在经过多次分裂后形成了如图5-11所示的小细胞团，即胚状体的主体部分。

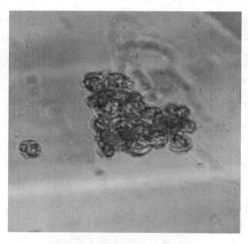

图5-11　细胞团（20×10）

（4）13d 后，通过显微镜可以观察到球形幼胚，其形状近似圆形且携带有胚柄（显著小于主体部分），如图 5-12 所示。

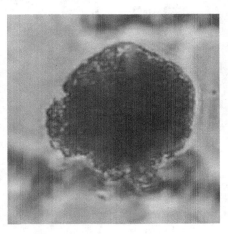

图 5-12　球形幼胚（10×10）

（5）15d 后，在培养基中出现了用肉眼即可观察到的球形胚（白色细小颗粒），如图 5-13 所示。

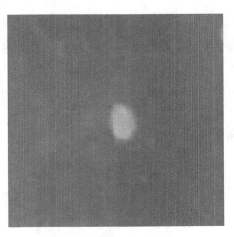

图 5-13　球形胚（4×10）

（6）其后，随着胚状体的逐步生长，15~21d 可观察到如图 5-14（a）、图 5-14（b）和图 5-14（c、d）所示的心形胚、鱼雷形胚、子叶形胚。

（7）最后选择生长良好的小孢子胚，并将其转移到固体培养基中，即

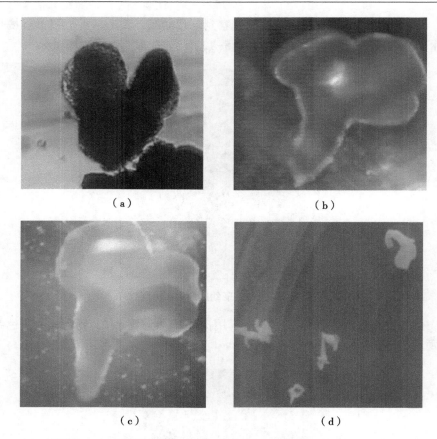

（a）心形胚（4×10）；（b）鱼雷形胚（4×10）；（c）子叶形胚（4×10）；（d）子叶形胚

图 5-14　心形胚、鱼雷形胚、子叶形胚

可得到如图 5-15 所示的胚再生植株。

图 5-15　胚再生植株

第五节 芜菁游离小孢子胚胎发生及植株再生的影响因素分析

前文我们已经讲到，在芜菁游离小孢子培养过程中，基因型、花蕾长度、热激方式、激素等培养条件的选择都对小孢子的培养有着重要的影响。下面，我们就对影响芜菁游离小孢子胚胎发生及植株再生的相关因素进行分析。

一、基因型对胚胎发生的影响

为了便于分析基因型对胚胎发生的影响，这里我们以乔丽桃（2014）对芜菁游离小孢子培养及其胚胎发生的研究结果为例，对影响芜菁游离小孢子胚胎发生及植株再生的相关因素进行分析。试验以如图 5-2 所示的 4 个芜菁品种（新疆喀什芜菁品种、新疆阿图什芜菁品种、新疆昌吉芜菁品种以及来自日本的芜菁品种）为材料，操作步骤如图 5-16 所示。

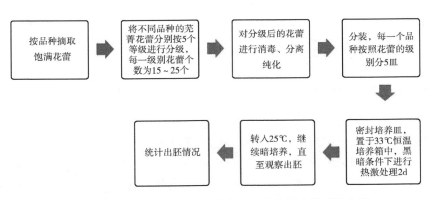

图 5-16 研究不同基因型对芜菁胚胎发生影响的试验步骤

这里需要注意的是，为了保障小孢子的生长活性，所有操作必须保持 4℃的低温。

研究发现，4 个芜菁品种中只有新疆喀什芜菁品种有胚出现，其他 3 个供试材料均未见出胚，见表 5-3。

表 5-3　芜菁小孢子胚胎发生情况

基因型	级别（l/mm）	出胚情况
喀什芜菁	1.0~1.99	不出胚
	2.0~2.49	有胚出现
	2.5~2.99	不出胚
	3.0~5.0	不出胚
昌吉芜菁	1.0~1.99	不出胚
	2.0~2.49	不出胚
	2.5~2.99	不出胚
	3.0~5.0	不出胚
阿图什芜菁	1.0~1.99	不出胚
	2.0~2.49	不出胚
	2.5~2.99	不出胚
	3.0~5.0	不出胚
日本金町芜菁	1.0~1.99	不出胚
	2.0~2.49	不出胚
	2.5~2.99	不出胚
	3.0~5.0	不出胚

（1）在相同的培养条件下，四个芜菁品种中只有喀什芜菁有胚出现，这说明在相同试验条件下，基因型是小孢子胚胎发生的关键因素。

（2）表中显示只有长度为 2.0~2.49mm 的喀什芜菁花蕾，在培养后出现了胚状体，其余长度的花蕾培养后均未见出胚，这说明花蕾长度对小孢子培养的出胚具有一定的影响。

此外，试验观察发现，虽然喀什芜菁有胚出现，但其胚产量却很低（出胚率很低）。如何有效提高芜菁小孢子的出胚率，仍需进行进一步的研究和探讨。

二、花蕾长度及花粉发育时期对出胚的影响

乔丽桃（2014）利用 DAPI 染色、镜检发现，在芜菁同一花蕾中花粉的发育是不同步的，见表 5-4。

表 5-4 同一花蕾中的花粉的发育情况

花蕾长度	1.0~1.99mm	2.0~2.49mm	2.5~2.99mm	3.0~3.99mm 4.0~4.99mm
花粉发育情况	花粉细胞大部分处于四分体时期，个别处于单核早期	细胞中内容物增多，将核挤压在边缘，小孢子大多处于单核靠边期；也存在部分双核期和三核期花粉孢子	细胞主要以双核期为主	细胞几乎全部为三个核，即进入三核期，也叫成熟期

研究证明，芜菁花蕾大小与其花粉发育的单核靠边期比例有关联性，当花蕾长度在 2.0~2.49mm，单核靠边期的比例最高，为 62.4%。当喀什芜菁花粉小孢子只有处于单核靠边期时，才有胚状体出现，其他时期都没有胚的出现，可见花粉发育时期决定小孢子对游离培养的敏感度，是影响胚胎发生的关键因素之一。

关于花粉发育时期与花器形态相关性的研究很多，龚莉（2008）研究表明，油菜花粉细胞发育时期与花蕾长度也是密切相关的，可以根据花蕾长度判断花粉细胞发育的时期。肖建洲等（2002）研究指出，当瓣药比在 1 左右时，对大多数芸薹属蔬菜来说单核靠边期与二核期花粉粒所占比例最大。辛建华等（2007）通过细胞学研究，在显微镜下对加工番茄小孢子发育时期进行观察，之后将观察结果与花蕾形态进行比对，得出花药的发育时期与花器外部形态变化存在对应关系，依据花器发育的形态特征即可判断小孢子发育时期，通过花器的外部形态来确定小孢子发育阶段。

三、热激处理对小孢子胚胎发生的影响

在十字花科蔬菜游离小孢子培养中，高温热激处理是最为常用的一种预处理方法，对胚胎的发生具有重要的诱导作用。乔丽桃（2014）针对热激处理对小孢子胚胎发生的影响进行了分析，如表 5-5 所示为热激温度与时间对喀什芜菁小孢子培养出胚的影响。

由表 5-5 可知，热激处理温度以及处理时长都会影响芜菁小孢子的胚胎发育，具体表现如下。

（1）在 25℃恒温培养的条件下，分离纯化后的小孢子悬浮液中未见胚状体生成。

（2）在 32℃恒温培养的条件下，热激 3d 后，转至 25℃下恒温暗培养，30d 后虽然分离纯化后的小孢子悬浮液中出现了胚状体，但产量极少，出胚率仅有 0.033%。

表 5-5 热激温度与时间对喀什芜菁小孢子培养出胚的影响

供试材料	长度级别（l/mm）	蕾数（个）	培养温度（℃）	出胚率（%）		
				1d	2d	3d
喀什芜菁花蕾	1.0~1.99	30		0	0	0
	2.0~2.49	25	33	0.042	0.12	0
	2.5~2.99	24		0	0	0
	1.0~1.99	29		0	0	0
	2.0~2.49	30	32	0	0	0.033
	2.5~2.99	25		0	0	0
	1.0~1.99	16		0	0	0
	2.0~2.49	18	25	0	0	0
	2.5~2.99	16		0	0	0

（3）在33℃恒温培养的条件下，热激处理1d或2d后，同样转至25℃下恒温培养，培养皿中有胚出现，但出胚率存在较大的区别：热激处理1d的培养皿出胚率为0.042%；热激处理2d的培养皿出胚率为0.12%。后者大约是前者的三倍，且出胚率也高于32℃恒温培养、热激处理3d的培养皿。

（4）在33℃恒温培养的条件下，热激处理3d时，出胚率反而下降，变为零。

由此可知：不同的温度以及处理的时间间隔对游离小孢子的出胚有着重要的影响，培养时需要选择合适的培养条件才能有效促进小孢子的出胚。对于芜菁游离小孢子培养而言，最佳热激处理温度为33℃，时长为2d。

经过热激处理后，小孢子还需要再进行一段时间的培养以获得胚状体，不同的培养时间获得的胚状体如图5-17所示。

其中，暗培养10d后的小孢子胚呈白色，大小为0.5~1.0mm，如图5-17（a）所示；培养15d后，培养皿中出现了肉眼可见的淡黄色颗粒状的胚状体，如图5-17（b）所示；此后，胚状体继续生长10d左右，就有发育正常的黄色胚状体（可以看到胚轴和嫩黄的子叶）出现，见图5-17（c）和图5-17（d）。

当然，适于芜菁小孢子培养的热激条件目前并未统一，还须对更多芜菁基因型的种类和数量进行重复验证。

（a）10d；（b）15d；（c）25~30d；（d）25~30d

图5-17　小孢子游离培养获得的胚状体（乔丽桃，2014）

四、激素配比对出胚率的影响

如表5-6所示为乔丽桃（2014）对芜菁小孢子培养时所用的7组不同激素配比及获得的出胚率结果。由表5-6可知：

（1）在NLN-13培养基中不添加任何外源激素的情况下，小孢子培养皿中没有胚状体产生。

（2）在单独添加适量 6-BA 后，小孢子培养皿中出现了胚状体；而单一加入 NAA 后，小孢子培养皿中没有胚状体产生。这说明 6-BA 能够有效诱导小孢子胚胎的发生，而 NAA 在小孢子胚的培养过程中是非必需的。

（3）当 6-BA 浓度逐渐增加时，小孢子的出胚率反而有所下降。

（4）当选用 0.05mg/L 6-BA、0.1mg/L NAA 的浓度组合时，小孢子的出胚情况最佳，是芜菁小孢子培养的最适浓度。

表 5-6　培养基激素浓度设置

材料型号	总蕾数（个）	浓度组合（mg/L）		平均出胚率（%）
		NAA 浓度	6-BA 浓度	
喀什芜菁 （2.0~2.49mm）	22	0	0	0
	21	0	0.05	4.76
	30	0	0.1	3.33
	25	0.1	0	0
	19	0.1	0.05	5.26
	25	0.1	0.1	4

所以说，激素的添加对芜菁小孢子的出胚率有一定的促进作用。NAA 与 6-BA 配合使用对芜菁小孢子的培养有着一定的促进作用。

五、活性炭对小孢子出胚率的影响

如表 5-7 所示为乔丽桃（2014）研究活性炭对芜菁小孢子胚诱导的影响结果。

表 5-7　活性炭对芜菁小孢子胚诱导的影响

材料	级别 （l/mm）	蕾数 （个）	AC 处理后产胚量（个/皿）			诱导率 （胚/蕾）		
			0（CK）	50mg/L	100mg/L			
喀什 芜菁	1.0~1.99	34	0	0	0	0	0	0
	2.0~2.49	22	4	1	0	0.182	0.046	0
	2.5~2.99	19	1	0	0	0	0	0

（续表）

材料	级别（l/mm）	蕾数（个）	AC 处理后产胚量（个/皿）			诱导率（胚/蕾）		
			0（CK）	50mg/L	100mg/L			
阿图什芜菁	1.0~1.99	20	0	0	0	0	0	0
	2.0~2.49	17	0	0	0	0	0	0
	2.5~2.99	15	0	0	0	0	0	0

　　由表5-7可知，在喀什芜菁小孢子胚的诱导过程中，活性炭（AC）没有发挥促进作用；而且活性炭浓度较高时还会影响胚的发生，使胚产率下降，甚至会抑制胚的出现。同时，在不出胚的阿图什芜菁中，活性炭也没有促使其出胚，胚产量仍为0。所以说，在芜菁游离小孢子胚的诱导过程中，不需要添加活性炭。

第六章　萝卜游离小孢子培养技术

萝卜（*Raphanus sativus* L.）是一种常见的根茎类蔬菜作物，并具有一定的药用价值，在世界各地均有种植。我国大多数地区以秋季栽培为主，成为秋、冬季的主要蔬菜之一。自 1989 年 Lichter 首次在游离小孢子培养中成功诱导出胚状体后，许多研究专家对此进行了大量的研究和试验，并取得了一定的成果。但由于萝卜是十字花科蔬菜中最不容易获得小孢子培养成功的作物之一，其胚状体诱导率和再生率普遍较低，使得萝卜游离小孢子培养技术在生产应用等方面仍面临着许多难题，严重阻碍了小孢子培养技术在萝卜育种工作上的应用，所以仍需进行更多的研究和探索。本章主要就萝卜小孢子发育时期的细胞学特征与花器官形态的关系、萝卜游离小孢子培养材料的选择和处理、萝卜游离小孢子培养的培养基及其配制、萝卜游离小孢子培养操作方法、萝卜小孢子胚胎发生及植株再生的影响因素分析等方面进行详细论述。

第一节　萝卜小孢子发育时期的细胞学特征与花器官形态的关系

游离小孢子培养技术是当前最实用的育种方法之一，其成功与否受多方面的因素影响，如植株的基因型、生理状态，培养中选取的培养方法、培养条件等，都会对游离小孢子的培养产生一定的影响，其中，对小孢子发育时期的鉴别和选择是十分重要的一步。研究发现，小孢子的发育时期与花蕾的形态指标（如花蕾长度、花药长度等）有着十分密切的关系。

为了建立高效、稳定的萝卜小孢子培养技术体系，确定适宜小孢子发育时期对应的花蕾形态指标至关重要。一般可通过醋酸洋红染色和荧光染色两种方法，对萝卜小孢子的发育时期进行显微观察，进而对不同基因型萝卜的花蕾和花药的形态特征，以及它们与小孢子发育时期的关系进行分析调查。

李丹（2008）曾以'秋白二号''07-3''07-12'和'07-16'四个不同类型的萝卜材料进行过相关试验研究，具体如下。

一、试验准备

试验中所用到的设备主要包括荧光显微镜、光学显微镜、游标卡尺以及相机等。

另外，试验前还需要配制一些试剂以备用，如卡诺固定液（无水乙醇与冰醋酸体积比为 3∶1）、DAPI（6-二酰胺-2-苯基吲哚）染液以及醋酸洋红染液等。

1. DAPI 染液的配制过程如下

（1）用双氧水将 2.1228g 磷酸二氢钾溶解在 10mL 的离心管中。

（2）往离心管中再加入 1mL 的 1M EDTA 和 1mL 的 Tritonx-100。

（3）在用锡纸将离心管包好后，往离心管中加入 0.01mg 的 DAPI 粉末，并使其充分溶解。

（4）用 1mL 的离心管将溶解完全的染液进行分装，并在 4℃ 的条件下保存备用，注意避光。

2. 醋酸洋红染液（室温保存即可，且室温存放时间越长效果越好）的配制过程主要如下

（1）在 55mL 蒸馏水中加入 45mL 醋酸，煮沸。

（2）煮沸后移去火焰，并立即加入 1g 醋酸洋红溶液，使之迅速冷却过滤。

（3）在冷却过滤完成后，加入数滴饱和氢氧化铁（媒染剂）水溶液，直到染液呈葡萄酒色。

二、花蕾的形态特征观测

在对花蕾的形态特征进行观测时，需要做好以下工作。

一是在'秋白二号''07-3''07-12'和'07-16'四个不同类型的萝卜材料的开花期，每天上午 8∶30 进行花蕾的收集。

二是选取不同大小的花蕾，用自封口的塑料带存放，并用冰盒带回实验室。

三是用数显游标卡尺测量花蕾的花瓣长以及纵径、横径，同时对花蕾的颜色进行记录。

四是用镊子剥去萼片、花瓣，取出花药。

五是同样用数显游标卡尺测量花药的纵径、横径，并对花药的颜色也进

行相关记录。

三、染色

染色前，通常需要做好以下几项准备工作。

一是于室温下，用卡诺氏固定液对不同大小的花蕾进行固定，时间以24h 为宜。

二是固定完成后转到 70%酒精中，并放于 4℃冰箱中保存备用。

三是花蕾固定处理好以后，用镊子小心剥去花蕾上的萼片、花瓣，取出花药。

四是用蒸馏水进行清洗。

五是清洗完成后，将花药放在载玻片上。

完成上述准备工作后就可以进行染色了，常用的染色方法主要包括醋酸洋红染色法和荧光染色法两种，具体如图 6-1 所示。

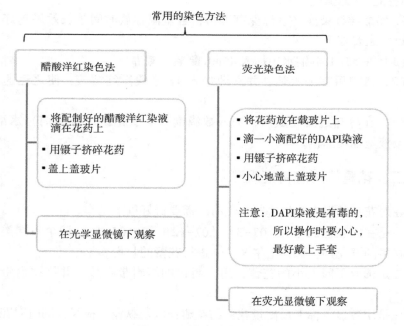

图 6-1 常用的染色方法

四、小孢子发育时期的细胞学观察

在观察小孢子的发育时期时，每一材料每一时期随机取 10 个花蕾（不同大小），每个花蕾取 1 花药，每个花药观察 10 个不同的视野，每一材料每一时期重复 3 次。

通过对萝卜材料小孢子发育过程的细胞学观察（图 6-2、图 6-3），发现萝卜小孢子发育的各时期的细胞学特征如图 6-4 所示。

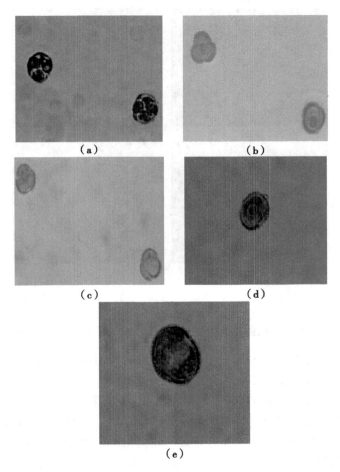

（a）四分体时期；（b）单核早、中期；（c）单核靠边期；（d）双核期；
（e）三核期（100×10）

图 6-2　在醋酸洋红染色下的萝卜小孢子发育主要时期（李丹，2008）

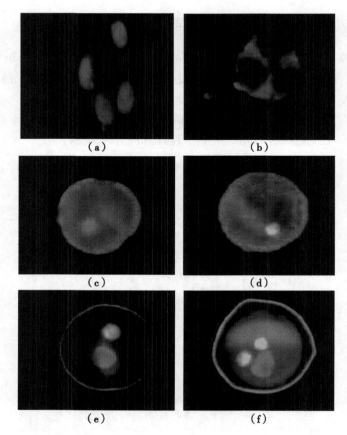

（a）四分体时期；（b）单核早、中期；（c）-（d）单核靠边期；
（e）双核期；（f）三核期

图 6-3　经 DAPI 染色的萝卜小孢子发育时期（王娜等，2016）

　　另外，对比图 6-2 和图 6-3 也可以看出，使用荧光显微镜的观察效果更好，具体表现在以下 3 个方面。

　　（1）对于小孢子发育过程及其结构和内容特征的观察，荧光显微镜下观察到的效果要比用光学显微镜观察醋酸洋红染色片的效果更好，尤其在观察小孢子中的细胞核、液泡等部分时，能清楚地辨别出其界线。

　　（2）在观察小孢子发育各时期的细胞核状况时，使用荧光显微镜可以观察得更清楚，能更加准确地对小孢子发育的时期进行把握。

　　（3）在观察三核期小孢子时，在光学显微镜 40×10 下看不到，只有在

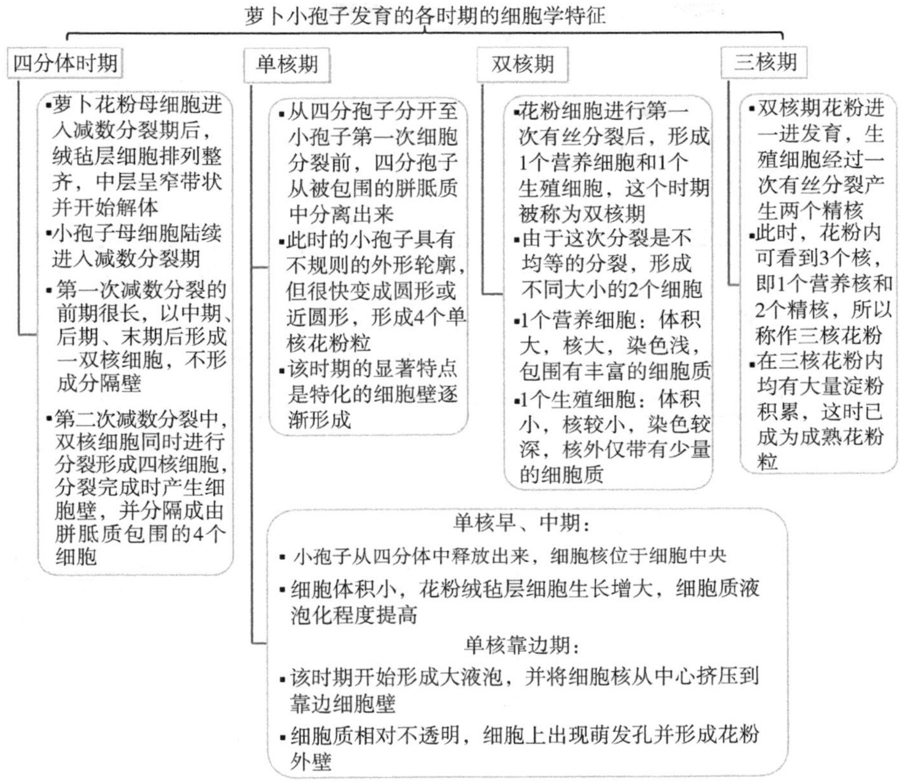

萝卜小孢子发育的各时期的细胞学特征

四分体时期	单核期	双核期	三核期
▪萝卜花粉母细胞进入减数分裂期后，绒毡层细胞排列整齐，中层呈窄带状并开始解体 ▪小孢子母细胞陆续进入减数分裂期 ▪第一次减数分裂的前期很长，以中期、后期、末期后形成一双核细胞，不形成分隔壁 ▪第二次减数分裂中，双核细胞同时进行分裂形成四核细胞，分裂完成时产生细胞壁，并分隔成由胼胝质包围的4个细胞	▪从四分孢子分开至小孢子第一次细胞分裂前，四分孢子从被包围的胼胝质中分离出来 ▪此时的小孢子具有不规则的外形轮廓，但很快变成圆形或近圆形，形成4个单核花粉粒 ▪该时期的显著特点是特化的细胞壁逐渐形成	▪花粉细胞进行第一次有丝分裂后，形成1个营养细胞和1个生殖细胞，这个时期被称为双核期 ▪由于这次分裂是不均等的分裂，形成不同大小的2个细胞 ▪1个营养细胞：体积大，核大，染色浅，包围有丰富的细胞质 ▪1个生殖细胞：体积小，核较小，染色较深，核外仅带有少量的细胞质	▪双核期花粉进一步发育，生殖细胞经过一次有丝分裂产生两个精核 ▪此时，花粉内可看到3个核，即1个营养核和2个精核，所以称作三核花粉 ▪在三核花粉内均有大量淀粉积累，这时已成为成熟花粉粒

单核早、中期：
▪小孢子从四分体中释放出来，细胞核位于细胞中央
▪细胞体积小，花粉绒毡层细胞生长增大，细胞质液泡化程度提高

单核靠边期：
▪该时期开始形成大液泡，并将细胞核从中心挤压到靠边细胞壁
▪细胞质相对不透明，细胞上出现萌发孔并形成花粉外壁

图6-4　萝卜小孢子发育的各时期的细胞学特征

100×10油镜下才能看到。而荧光显微镜下观察到的效果比较清晰，所以说荧光染色观察法更加简单、便捷。

五、不同萝卜材料小孢子发育时期与花蕾/花药形态特征的关系

通过试验观察发现，对同一材料而言，在小孢子发育的4个不同时期，花蕾纵径、花蕾横径、花蕾纵横比、花药长、花药宽及瓣药比均存在显著差异，具体见图6-5（图中四个小写字母"a""b""c""d"表示在0.05水平下差异显著；四个大写字母"A""B""C""D"表示在0.01水平下差异极显著。下同）。由图6-5也可以看出，随着小孢子的发育成熟，花蕾和花药的各项形态指标都呈显著增长的趋势。

材料名称	发育时期	花蕾纵径	花蕾横径	花蕾纵横比	花药长	花药宽	花瓣长	瓣药比
07-12	四分体	1.59dD	1.39dD	1.19dC	1.19dD	0.60bA	0.75dD	0.63cC
	早中期	2.28cC	1.69cC	1.35cB	1.72cC	0.83abA	1.16cC	0.66cC
	靠边期	3.16bB	2.12bB	1.48bAB	2.36bB	0.95aba	2.20bB	0.93bB
	双核期	3.90aA	2.40aA	1.63aA	2.89aA	1.28aA	3.32aA	1.16aA
07-16	四分体	1.84dD	1.54dD	1.20dD	1.12dD	0.54dD	0.53dD	0.48dD
	早中期	2.61cC	2.05cC	1.27cC	1.82cC	0.76cC	1.29cC	0.70cC
	靠边期	3.51bB	2.49bB	1.41bB	2.51bB	0.87bB	2.56bB	1.02bB
	双核期	4.35aA	2.81aA	1.55aA	2.76aA	0.95aA	3.70aA	1.34aA
07-3	四分体	1.58dD	1.36dD	1.17dC	0.96dD	0.47dC	0.48dD	0.51cC
	早中期	2.17cC	1.72cC	1.26cC	1.48cC	0.67cB	0.91cC	0.61cC
	靠边期	2.99bB	2.11bB	1.42bB	2.05bB	0.83bA	1.89bB	0.92bB
	双核期	3.90aA	2.53aA	1.54aA	2.38aA	0.93aA	3.05aA	1.28aA
秋白二号	四分体	1.64dD	1.35dD	1.03cD	1.04dD	0.46cC	0.61DD	0.57dC
	早中期	2.22cC	1.74cC	1.28cBC	1.65cC	0.70bB	1.19cC	0.71cC
	靠边期	3.14bB	2.22bB	1.42bB	2.33bB	0.85aAB	2.46bB	1.06bB
	双核期	4.03aA	2.53aA	1.59aA	2.69aA	0.95aA	3.48aA	1.32aA

图6-5　不同萝卜材料小孢子各发育时期的花蕾及花药的形态指标（mm）

	材料名称	花蕾纵径	花蕾横径	花蕾纵横比	花药长	花药宽	花瓣长	瓣药比
单核靠边期	07-3	⇒2.99cC	2.11cC	1.426bB	2.05cB	0.83bB	1.89bB	0.92bB
	07-12	⇒3.17bB	2.12bCB	1.48aA	2.36aA	0.95aA	2.20aA	0.93abAB
	07-16	⇒3.51aA	2.49aA	1.41bB	2.51aA	0.87bAB	2.56aA	1.02aAB
	秋白二号	⇒3.14bB	2.22bB	1.42bB	2.33bA	0.85bAB	2.46aA	1.06aA

图6-6　单核靠边期时不同萝卜材料花蕾/花药的形态指标

从图6-6可以看出供试材料处于单核靠边期时，在不同萝卜品种中花蕾和花药的各项形态指标均有不同的变幅，具体见表6-1。

表6-1　供试材料处于单核靠边期时各项形态指标的变幅

部位		形态指标	变幅范围
单核靠边期	花蕾	纵径	2.99~3.51mm
		横径	2.11~2.49mm
		纵横比	1.41~1.48
	花瓣与花药	花药长度	2.05~2.51mm
		花药宽度	0.83~0.95mm
		花瓣长度	1.89~2.56mm
		瓣药比	0.92~1.06

　　通过对比单核靠边期不同萝卜材料的花蕾和花药的各指标可以看出，不同材料的花蕾和花药的各指标存在显著差异，尤其是花蕾纵径、花蕾横径、花瓣长、花药长这四个指标之间的差异极为显著，不适合用来确定小孢子发育适期的花蕾大小。但花蕾纵横比、瓣药比在不同材料间的差异相对较小，似乎更适合作为不同材料取样适期的鉴定指标和尺度。

　　如图6-7所示为萝卜小孢子不同发育时期的花蕾及花药的外部形态特征。

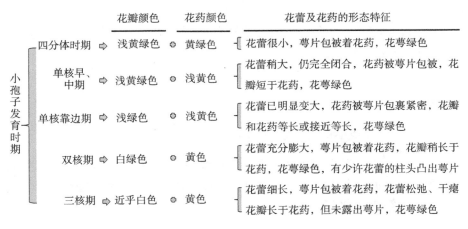

图6-7　萝卜小孢子不同发育时期的花蕾及花药的外部形态特征

　　由图6-7可以看出，不同萝卜材料随小孢子发育时期的变化，其花蕾的外部形态的变化还表现在花蕾和花药的其他方面。

　　总的来说，适宜取材的单核靠边期的花蕾应满足以下几个条件。

一是花蕾大小要适宜，花蕾饱满。

二是花药被萼片包裹紧密，花药最好呈浅黄色或黄色。

三是花瓣和花药等长或接近等长。

第二节　萝卜游离小孢子培养的前期准备

一般情况下，萝卜主要可分为秋冬萝卜（中国普遍栽培类型）、冬春萝卜、春夏萝卜、夏秋萝卜和四季萝卜等类型。这些萝卜类型中均包含有不同的品种，具体见图6-8。

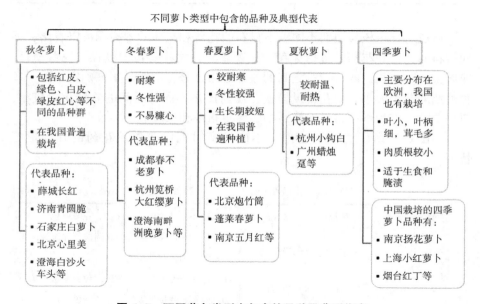

图6-8　不同萝卜类型中包含的品种及典型代表

由于萝卜是十字花科蔬菜中最不容易获得小孢子培养成功的作物之一，所以在对萝卜进行游离小孢子培养时，对试验材料的选择和处理是十分重要的一步。通常为了进行比较分析，试验时使用较多的萝卜品种如图6-9所示。

当然，可用于游离小孢子培养的萝卜品种还有很多，如银玉、扇子白、山东花叶心里美等，都能用于萝卜游离小孢子的培养。试验时需根据实际情况进行选择。如图6-10所示为几种我国常见的萝卜品种。

品种名称		
	圆白萝卜	秋白
	南京红	秋红
	穿心红	秋红
	弯腰青	秋青
	秋田半节青	秋青
	新夏抗白玉	夏白
	满身红	夏红
	极品双红	夏红
	丰红一号	夏红
	春不老	春白
	特大沙罐青	秋青
	碧玉水晶	夏白
	脆爽红心红皮	夏红
	赝鼎贼不偷	秋红
	路路通翠雪	秋白
	新大青	秋青
	短叶13	春白
	南畔州晚萝卜	冬白
	超级太白	秋白

图 6-9　几种典型的萝卜品种

一、培养材料的准备

在对萝卜进行游离小孢子培养之前，应培育出健康理想的植株以供试验使用。在我国，由于大部分萝卜为秋冬萝卜类型，所以应在夏末秋初（通常为 8 月）进行播种，12 月上旬假植越冬，翌年 2 月中下旬定植于试验温室内，并在开花期间及时进行浇水、整理花枝、施肥、控制病虫害，以获取健康饱满的花蕾。待植株现蕾后，于晴天上午采集健壮植株花蕾，测量后置于4℃冰箱预处理0~3d。

二、培养材料的处理

对萝卜游离小孢子培养材料的处理，主要是对花蕾进行消毒，其步骤具体如下。

（1）经醋酸洋红染色压片法检测花粉发育时期，选取大多数细胞处于

（a）白萝卜　　　　　　　　　　（b）青萝卜

（c）心里美　　　　　　　　　　（d）水萝卜

图 6-10　几种典型的萝卜品种

单核靠边期的花蕾。

（2）用灭菌三角瓶收集 2.5~3.5mm 的长花蕾，并用 75% 乙醇进行 30s 的表面消毒。

（3）再用 2.0% 的 NaClO 进行 15min 的振荡消毒。

（4）用无菌水进行冲洗，冲洗 4~5 次为宜。

（5）转至 50mL 的塑料试管中，保存备用。

三、培养基及其配制

一般情况下，在萝卜游离小孢子培养的过程中通常使用的培养基为 NLN 培养基，其配制如图 6-11 所示。

NLN培养基组成和配方

大量元素		微量元素		有机物质		铁盐	
组成成分	数量（mg/L）	组成成分	数量（mg/L）	组成成分	数量（mg/L）	组成成分	数量（mg/L）
KNO_3	125	$MnSO_4 \cdot 4H_2O$	1 250	肌醇	100	Na_2-EDTA	37.3
$MgSO_4 \cdot 7H_2O$	125	H_3BO_3	10	烟酸	5	$FeSO_4 \cdot 7H_2O$	27.8
$Ca(NO_3)_2 \cdot 4H_2O$	500	$ZnSO_4 \cdot 7H_2O$	12.3	甘氨酸	2		
KH_2PO_4	125	KI	0.8	盐酸吡哆醇	0.5		
		$NaMoO_4 \cdot 2H_2O$	0.25	盐酸硫铵	0.5		
		$CuSO_4 \cdot 5H_2O$	0.025	叶酸	0.5		
		$CoCl_2 \cdot 6H_2O$	0.025	生物素	0.05		
				谷氨酰胺	800		
				丝氨酸	100		

图 6-11　NLN 培养基的配制

此外，在 NLN 培养基中通常还会加入蔗糖（130mg/L），并保证培养基的 pH 值为 5.8。

第三节　萝卜游离小孢子培养操作方法

萝卜游离小孢子培养操作方法主要包括游离小孢子培养、胚培养与诱导成苗、植株倍性检测等步骤，具体如下。

一、游离小孢子培养

在对萝卜进行游离小孢子培养时，一般需要进行以下几个步骤。

（1）在花蕾经过消毒并装入试管后，往试管中加入少量 B5 提取液。

（2）用玻璃棒对花蕾进行挤压，释放出小孢子。

（3）用尼龙网（40μm 孔径）进行过滤，并用 10mL 的离心管收集滤液。

（4）1 000r/min 离心 5min，800r/min 重复离心 1 次，弃去上清液，沉淀物即为纯净小孢子。

（5）用 1/2 NLN 培养液对纯化后的小孢子进行稀释，用血球计数板计数，保持细胞密度（1~2）×10^{5}个/mL。

（6）将 40mL 的 NLN 培养基分装于 12 个直径为 60mm 的无菌培养皿中。

（7）在各个培养皿中加入稀释后的小孢子。

（8）在每个培养皿中滴入 1~2 滴 0.5%活性炭，封口。

（9）封口后置于 33℃ 或 35℃ 恒温培养箱中进行热激处理，时间以 1~2d 为宜，每个处理培养 5 皿，3 次重复。

（10）25℃、静止黑暗培养 35d，培养完成后按每皿出胚数计算出胚率。

二、胚培养与诱导成苗

在进行胚培养与诱导成苗时，需将游离小孢子在液体培养基上培养 7d。待培养基中有肉眼可见的米粒状胚出现后，将其转移到 25℃ 恒温摇床上进行振荡培养。待胚状体长至子叶期时（胚龄为 30d 左右），转至固体培养基 B5 上诱导成苗。另外，可在 35d 后对直接成苗数进行统计。

胚状体成苗后，将小孢子植株转移到 B5 培养基（20g/L 蔗糖、8g/L 琼脂）中生根，培养基中需添加萘乙酸（NAA）和吲哚丁酸（IBA）以促进植株生根。于三角瓶中继续培养 1~2 周，即可长成幼苗。

将生根后的小孢子再生植株进行 2~3d 的炼苗，用镊子小心地把植株从三角瓶中移出，尽量保持根系完整。将附着的培养基用流水冲洗干净。之后将苗移栽至装有蛭石的营养钵中，浇水后覆盖塑料薄膜保湿。3d 后逐渐开膜放风，10d 后完全打开塑料薄膜。经过 4℃ 低温春化 15d 后移栽到温室。

三、再生植株倍性检测

（一）倍性检测的操作步骤

在萝卜小孢子试管苗移栽前需要采用流式细胞仪测定法对小孢子再生植株（取幼嫩叶片）的倍性进行鉴定。一般可以用已知的二倍体萝卜材料作为对照，具体如图 6-12 所示。

用流式细胞仪测定植物的倍性不仅速度快，而且准确性也高，能够对某一细胞中 DNA、RNA 或某种特异蛋白的含量进行定量测定。随着倍性的增加，DNA 含量呈倍性增加趋势，因此可对细胞的倍性水平进行快速鉴定。

（二）倍性检测分析

在萝卜小孢子再生植株倍性检测分析方面，我们以张丽等（2016）利

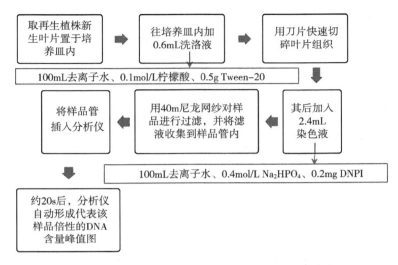

图 6-12　萝卜小孢子再生植株倍性检测的操作步骤

用流式细胞仪对 163 株萝卜小孢子再生植株的倍性检测试验为例来进行说明。结果表明，再生植株中同时存在单倍体、双单倍体、三倍体、四倍体及八倍体，主峰分别在 25 道、50 道、75 道、100 道和 200 道处，如图 6-13 所示。

在 163 株小孢子再生植株中，单倍体有 29 株（占 17.19%），双单倍体有 72 株（占 44.17%），三倍体有 14 株（占 8.59%），四倍体有 42 株（占 25.77%），八倍体有 3 株（占 1.84%），嵌合体有 3 株（占 1.84%）。表明萝卜小孢子再生植株的自然加倍率为 82.21%。

第四节　萝卜小孢子胚胎发生及植株再生的影响因素分析

在科学观察萝卜小孢子离体培养发育过程的基础上，本节主要就基因型、小孢子发育阶段、活性炭及 6-BA 对萝卜小孢子胚状体诱导及植株再生等方面的影响展开论述分析，具体如下。

一、萝卜小孢子离体培养的发育观察

在萝卜游离小孢子的培养过程中，周志国等（2007）认为小孢子的发

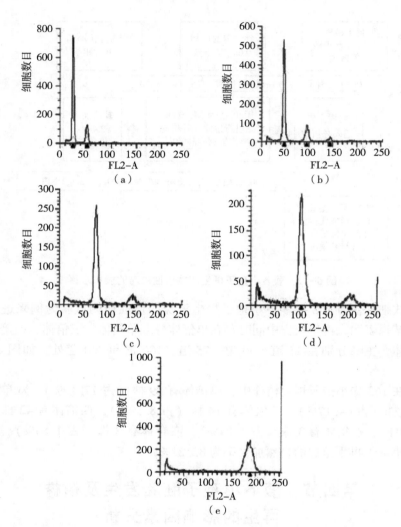

（a）单倍体；（b）双单倍体；（c）三倍体；（d）四倍体；（e）八倍体

图 6-13　萝卜不同倍性小孢子植株的 DNA 含量峰值（张丽等，2016）

育过程可分为以下几步。

（1）如图 6-14 所示为游离出的小孢子，其在适宜的培养条件下首先发生细胞膨大，见图 6-15。

（2）细胞膨大后会启动分裂（图 6-16）并分裂成如图 6-17 所示的多细胞团。

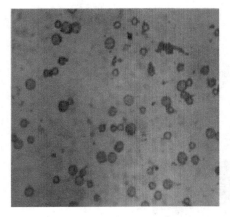

图 6-14　刚游离出的小孢子

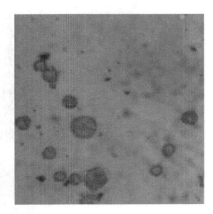

图 6-15　膨大的小孢子

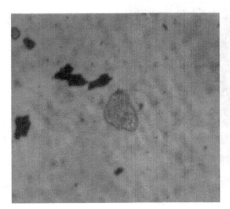

图 6-16　小孢子分裂

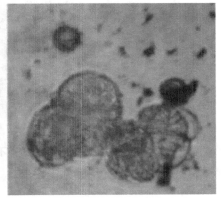

图 6-17　小孢子分裂成细胞团

（3）细胞团不断增大继而发育成如图 6-18 所示的心形胚、鱼雷形胚和子叶形胚，并伴有畸形胚的产生。

（4）将胚状体转移到固体培养基中继续发育诱导生根直到形成完整植株。

二、基因型对萝卜小孢子胚状体诱导及其发育的影响

周志国等（2007）认为，基因型对萝卜小孢子胚状体诱导及其发育有着不同程度的影响，不同基因型的萝卜，其小孢子胚状体发生能力有着较大的差异。在如图 6-19 所示的 19 个品种进行试验时，有 13 个品种获得了胚

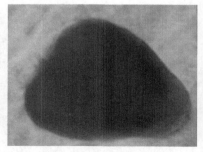

（a）心型胚状体　　　　　　　　　（b）子叶型胚状体

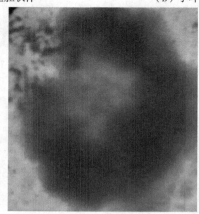

（c）畸形胚状体

图 6-18　不同的胚状体

状体，各品种的体胚产量见表 6-2。

表 6-2　不同品种萝卜体胚诱导率和成苗率比较

序号	品种	每皿成胚数	出胚率（个/蕾）	成苗数（株）
1	路路通翠雪	80	10	3
2	满身红	30	3.852	28
3	碧玉水晶	28	3.333	23
4	弯腰青	14	0.545	10
5	南畔州晚萝卜	9	0.5	4
6	特大沙罐青	7	0.25	0
7	赝鼎贼不偷	6	0.272	2
8	穿心红	5	0.625	0
9	南京红	5	0.222	0

（续表）

序号	品种	每皿成胚数	出胚率（个/蕾）	成苗数（株）
10	极品双红	4	0.285	1
11	秋田半节青	2	0.285	0
12	新大青	2	0.25	0
13	圆白萝卜	1	0.125	1
14	新夏抗白玉	0	0	0
15	丰红一号	0	0	0
16	春不老	0	0	0
17	脆爽红心红皮	0	0	0
18	短叶 13	0	0	0
19	超级太白	0	0	0

（a）　　　　　　　　　　　（b）

（c）

（a）胚状体再生植株；（b）植株生根；（c）移栽成苗

图 6-19　胚状体的发育

由表 6-2 可知：

（1）萝卜品种'圆白萝卜'产胚量最低，为 0.125 个/蕾。

（2）'路路通翠雪'产胚量最高，达 10 个/蕾，是前者的 80 倍。

观察发现，并非所有胚状体均能分化再生苗。通过将发育正常的胚状体转移到 MS 固体培养基中，能使体胚迅速生长，其中心形胚状体、鱼雷形胚状体和子叶形胚状体成苗率较高，但畸形胚状体几乎不能成苗。这说明，基因型在胚状体生成中起关键作用。

蒋武生等（2014）在以'红丰 2 号''大棚大根'和'春夏王号'等 8 份萝卜材料的试验中发现，'红丰 2 号'胚诱导率（小孢子胚数/100 枚花药）高达 20.1%，较低的'大棚大根'和'山东青'诱导率不到 0.3%，而'国光青''长春''春夏王 1 号'和'春首春大根'4 份材料未诱导出胚，这说明不同基因型间胚诱导率差别很大。

三、小孢子不同发育阶段对胚状体诱导的影响

花蕾的发育时期对小孢子培养成体胚有着重要的影响。周志国等（2007）发现，只有单核晚期和少数双核早期的小孢子才能发育成胚状体，品种不同，适宜培养的花蕾长度也不相同。他们以萝卜品种"满身红"和"碧玉水晶"为例进行了说明，表 6-3 为"满身红"和"碧玉水晶"小孢子不同发育时期对胚状体诱导的影响。

表 6-3　'满身红'和'碧玉水晶'小孢子不同发育时期
对胚状体诱导的影响

品种	花蕾长 （mm）	小孢子发育 时期	产胚量 （胚数/皿）	成苗率 （%）
满身红	4.5~5.0	双核晚期	0	0
	4.0~4.5	双核早期	8	87.5
	3.5~4.0	单核晚期	27	92.6
	2.5~3.5	单核早期	0	0
碧玉水晶	4.9~5.3	双核晚期	0	0
	4.4~4.9	双核早期	4	75
	4.0~4.4	单核晚期	24	91.6
	3.5~4.0	单核早期	0	0

由表6-3可知：

花蕾长度为3.5~4.0mm时，小孢子大部分都处于单核晚期，此时培养的小孢子体胚诱导率最高。

花蕾长度过低（<3.5mm）或过长（>4.5mm）时，适宜培养的小孢子极少，不能发育成胚状体。

'碧玉水晶'的花蕾长度在4.0~4.4mm时胚状体产量最高。

四、活性炭对小孢子培养的影响

在萝卜游离小孢子培养的过程中，添加一定剂量的活性炭能显著提高培养效果。为了研究活性炭对小孢子培养的影响，一般需要在分别添加了0g/L、0.2g/L、0.4g/L、0.6g/L、0.8g/L、1.0g/L、1.2g/L、1.4g/L活性炭的NLN-13培养基中，对小孢子胚状体进行诱导，并在25d后统计每个培养皿中胚状体的数量。周志国等（2007）以活性炭对'满身红'小孢子胚状体产量的影响为例进行了说明，见表6-4。

表6-4　活性炭对"满身红"小孢子胚状体产量的影响

活性炭剂量 （g/L）	出胚数 （皿）	出胚率 （胚数/蕾）	成苗率 （%）
0	5	0.6	80
0.2	7	0.9	71.4
0.4	10	1.2	80
0.6	16	2.0	80
0.8	25	3.1	88
1.0	24	3.0	83
1.2	20	2.5	85
1.4	15	1.9	86

由表6-4可以看出：

未添加活性炭的培养皿中，出胚数最低。

当每个培养皿中加入的活性炭剂量在0.2~0.8g/L时，随着活性炭剂量的增加，小孢子的出胚数开始提高。并且当每个培养皿中加入的活性炭剂量达到0.8g/L时，培养皿的出胚数最多。

当加入的活性炭剂量超过0.8g/L时，随着活性炭剂量的增加，小孢子的诱导率反而开始下降。

所以，在添加活性炭时，需要选取合适的加入量。

五、6-BA 对小孢子培养的影响

为了研究 6-BA 对小孢子培养的影响，周志国等（2007）选取加入 0.8g/L 活性炭的 NLN-13 培养基为参照基础。然后，在此培养基（多个）中分别加入不同剂量的 6-BA 进行培养观察，添加的剂量一般以 0mg/L、0.05mg/L、0.1mg/L、0.2mg/L、0.3mg/L 为宜。25d 后对每个培养皿中胚状体的数量进行统计。

结果表明，6-BA 的加入能有效促进不同萝卜胚状体的诱导。如在添加活性炭的 NLN-13 培养基中，'赝鼎贼不偷'、'南京红'、'青大根' 等品种没有胚状体产生，而在加入 6-BA 的培养基中，这些品种则有胚状体出现。这里以 '南京红' 为例进行说明，见表6-5。

表6-5 6-BA 对 '南京红' 小孢子胚状体诱导率的影响

6-BA 浓度 （mg/L）	产胚数 （胚数/皿）	子叶胚数	畸形胚状体 比例（%）
0	0	0	0
0.05	2	1	50
0.1	5	2	60
0.2	1	0	100
0.3	0	0	0

由表6-5可知：

当培养皿中加入浓度为0.1mg/L的6-BA时，每皿中的产胚量最高，达5胚/皿。

虽然加入 6-BA 能诱导出胚状体，但其也会诱导出畸形胚状体，且畸形胚状体的比例随着 6-BA 浓度的增加而升高。

虽然添加 6-BA 可以显著提高萝卜胚状体的诱导率，但同时发现6-BA在促进小孢子分裂形成胚状体的同时，也会使如图6-18（d）所示的畸形胚状体数量明显增加，并能有效抑制体胚进一步分化成苗。

张丽等（2016）在以白萝卜品种 '银玉' 为试材的小孢子培养试验中发现，在不加激素的情况下，萝卜胚状体再生成苗的比率仅为 15.6%

（表6-6）。他们发现在B5培养基中添加0.2 mg/L 6-BA能够显著促进子叶形胚再生成芽的比率（78.9%）。NAA和IBA能够不同程度地促进再生植株生根，IBA的效果优于NAA，最适浓度为0.5mg/L。

表6-6　不同6-BA质量浓度处理下萝卜小孢子胚状体生芽情况（$\bar{x} \pm s$）

6-BA浓度（mg/L）	子叶胚数	总芽数	畸形芽数	正常芽数
0.0	30	4.67±0.61d	0.00±0.00f	4.67±0.61d
0.1	30	13.33±1.53c	1.33±0.55e	12.0±2.00c
0.2	30	28.00±4.36a	4.33±0.42d	23.67±4.73a
0.3	30	28.67±1.15a	9.33±0.59c	19.34±1.53ab
0.4	30	33.33±3.79a	16.67±0.66b	16.66±4.04bc
0.5	30	23.67±2.52b	21.33±1.15a	2.34±1.53d

主要参考文献

白小娟，张丽，许明，2008. 预处理对萝卜离体小孢子发育的影响 [J]. 西北农业学报（3）：254-257，279.

包美丽，付颖，郑鹏婧，等，2011. 黄心春结球白菜游离小孢子培养体系的优化 [J]. 沈阳农业大学学报，42（4）：417-421.

边立娜，彭永康，孙德岭，等，2014. 不同基因型青花菜游离小孢子培养和植株再生 [J]. 天津农业科学，20（1）：10-12.

曹鸣庆，李岩，刘凡，1993. 基因型和供体植株生长环境对大白菜游离小孢子胚胎发生的影响 [J]. 华北农学报（4）：1-6.

曹有龙，贾勇炯，陈放，等，1999. 枸杞花药愈伤组织悬浮培养条件下胚状体发生与植株再生 [J]. 云南植物研究（3）：80-84.

陈琳，雍晓平，冉茂林，2012. 萝卜根形对游离小孢子培养成胚率的影响 [J]. 江西农业学报，24（8）：54-55，58.

陈晓峰，王承国，牟晋华，等，2014. 大白菜游离小孢子培养和植株再生 [J]. 山东农业科学，46（3）：13-16.

陈晓峰，张明培，徐榕雪，等，2014. 影响大白菜游离小孢子培养胚胎发生因素的研究 [J]. 吉林农业科学，39（5）：76-79.

崔丽娟，2011. 游离小孢子培养技术在晚抽薹大白菜中的应用 [D]. 扬州：扬州大学.

崔丽娟，于拴仓，薛林宝，等，2011. 预处理对晚抽薹大白菜游离小孢子胚胎发生的影响 [J]. 西北农业学报，20（10）：69-73.

崔群香，2011. 不结球白菜小孢子培养及其胚胎发生机制 [D]. 南京：南京农业大学.

崔群香，王倩，李英，等，2012. 不结球白菜小孢子胚胎发生过程及发育途径研究 [J]. 南京农业大学学报，35（2）：21-26.

单宏，2017. 基于小孢子培养的大白菜优异种质创制 [D]. 沈阳：沈阳农业大学.

邓英，唐兵，付文苑，等，2018. 叶用芥菜小孢子培养技术体系的完善及 DH 系创制 [J]. 中国农业大学学报（9）：60-67.

邓英，陶莲，李正丽，等，2012. 大白菜游离小孢子的培养及植株再生 [J]. 贵州农业科学，40（6）：19-21.

董飞，陈运起，刘世琦，等，2011. 蔬菜游离小孢子培养的研究进展 [J]. 山东农业科学（3）：20-24.

董韩，2015. 甘蓝小孢子出胚与成苗主要影响因素研究 [D]. 咸阳：西北农林科技大学.

董彦琪，肖艳，段风华，等，2015. 大白菜游离小孢子培养和植株再生技术研究进展 [J]. 中国瓜菜，25（1）：44-48.

董彦琪，原连庄，吴涛，等，2011. 大白菜游离小孢子培养技术研究进展 [J]. 长江蔬菜（20）：1-6.

付丹丹，2019. 抗根肿病大白菜小孢子培养技术体系研究 [D]. 咸阳：西北农林科技大学.

付明星，刘乐承，林小芳，等，2011. 春甘蓝游离小孢子培养离体培养研究初报 [J]. 长江大学学报（自然科学版），8（7）：252-256，286-287.

付文婷，2010. 大白菜游离小孢子胚诱导及植株再生技术研究 [D]. 咸阳：西北农林科技大学.

付文婷，张鲁刚，胥宇建，等，2010. 大白菜游离小孢子胚诱导及植株再生 [J]. 西北农业学报，19（3）：139-143.

高海娜，2012. 甘蓝子叶型胚状体诱导及其成苗因素的研究 [D]. 咸阳：西北农林科技大学.

龚莉，2008. 油菜蕾长与花粉发育时期的关系研究 [J]. 安徽农学通报，14（17）：61-63.

顾宏辉，张冬青，周伟军，2004. 换培养液和秋水仙碱处理对白菜型油菜小孢子胚胎发生的影响 [J]. 作物学报，30（1）：78-81.

顾淑荣，1981. 枸杞花粉植株的获得 [J]. Journal of Integrative Plant Biology（3）：246-248.

郭瑞锋，王秀英，巫东堂，等，2008. 大白菜游离小孢子培养技术研究进展 [J]. 山西农业科学（3）：7-11.

郭世星，牛应泽，余学杰，等，2005. 活性炭对甘蓝型油菜（Brassica napus L.）小孢子胚胎发生的影响 [J]. 种子（7）：37-39.

胡靖锋，戴永娟，汪骞，等，2011. 抗根肿病大白菜小孢子培养优化条

件研究 [J]. 江西农业大学学报，33（5）：893-898.

胡颖，2013. 大白菜小孢子培养 [J]. 吉林农业（4）：16.

黄海皎，2015. 西藏地区大白菜游离小孢子培养方法 [J]. 现代农业科技（24）：109.

黄海皎，杨晓菊，陈锋，等，2014. 大白菜游离小孢子成胚影响因素研究进展 [J]. 现代农业科技（21）：79-81.

黄天虹，2017. 不结球白菜游离小孢子培养及 SERK 基因表达分析 [D]. 南京：南京农业大学.

黄天虹，张娅，梁超凡，等，2019. 不结球白菜游离小孢子培养及植株再生研究 [J]. 核农学报（2）：240-247.

黄先群，毛堂芬，李丽，等，2008. 浅析几个因子对甘蓝型油菜游离小孢子胚胎发生的影响 [J]. 种子（2）：33-39.

贾凯，吴慧，高杰，2018. 新疆芜菁小孢子培养及再生植株倍性检测 [J]. 分子植物育种（21）：7104-7111.

贾凯，吴慧，许建，等，2018. 不同处理方法对芜菁游离小孢子出胚率的影响 [J]. 江苏农业科学（8）：39-42.

姜凤英，冯辉，王超楠，等，2006. 几种影响羽衣甘蓝小孢子胚状体成苗的因素 [J]. 植物生理学通讯（1）：58-60.

姜立荣，刘凡，李怀军，等，1996. 大白菜小孢子胚状体发生早期的超微结构研究 [J]. 北京农业科学，16（3）：28-31.

蒋武生，2014. 萝卜花药培养小孢子胚诱导和植株再生 [C]. 中国园艺学会、中国农业科学院蔬菜花卉研究所. 中国园艺学会 2014 年学术年会论文摘要集. 中国园艺学会、中国农业科学院蔬菜花卉研究所：中国园艺学会，97.

焦德丽，2009. 特早熟春性甘蓝型油菜小孢子培养及 DH 系的遗传多样性研究 [D]. 西宁：青海大学.

瞿利英，2012. 高含油量甘蓝型油菜小孢子发育观察与再生胚培养体系的研究 [D]. 咸阳：西北农林科技大学.

李必元，叶国锐，王五宏，等，2012. 结球白菜游离小孢子培养与植株再生 [J]. 浙江农业科学（4）：503-506.

李超，林茂，肖华贵，等，2008. 甘蓝型油菜 DH 系培养技术优化 [J]. 安徽农业科学，36（32）：13972-13974，14059.

李丹，2008. 萝卜游离小孢子培养技术研究 [D]. 北京：中国农业科学院.

李菲，2017. 白菜游离小孢子培养及胚胎发生能力的基因座位分析 [D]. 北京：中国农业大学.

李菲，张淑江，章时蕃，等，2014. 大白菜游离小孢子培养技术高效体系的研究 [J]. 中国蔬菜（8）：12-16.

李浩杰，蒲晓斌，张锦芳，等，2009. 甘蓝型油菜小孢子培养影响因素的研究 [J]. 中国农学通报，25（23）：82-85.

李浩杰，蒲晓斌，张锦芳，等，2009. 甘蓝型油菜 NER 游离小孢子培养能力研究 [J]. 西南农业学报，22（6）：1518-1521.

李金荣，2011. 胡萝卜游离小孢子培养 [D]. 中国农业科学院.

李金荣，欧承刚，庄飞云，等，2011. 胡萝卜游离小孢子培养及其发育过程研究 [J]. 园艺学报，38（8）：1539-1546.

李楠，2018. 甘蓝不易出胚材料小孢子高效培养及 DH 株的多态性分析 [D]. 咸阳：西北农林科技大学.

李书宇，陈伦林，邹小云，等，2013. 甘蓝型油菜小孢子培养及技术简化研究 [J]. 江西农业大学学报，35（6）：1147-1151，1156.

李晓梅，冉茂林，杨峰，2016. 萝卜游离小孢子成胚诱导影响因素研究进展 [J]. 长江蔬菜（14）：41-44.

栗根义，高睦枪，赵秀山，1993. 大白菜游离小孢子培养 [J]. 园艺学报（2）：167-170.

栗根义，高睦枪，赵秀山，1993. 高温预处理对大白菜游离小孢子培养的效果 [J]. 实验生物学报，26（2）：165-169.

梁娟，俞金龙，巫水钦，等，2015. 甘蓝 DH 系构建技术体系的建立 [J]. 浙江农业科学，56（5）：669-674.

林燕，2014. 大白菜小孢子早期胚胎发生相关基因的表达分析 [D]. 北京：中国农业大学.

刘凡，莫东发，姚磊，等，2001. 遗传背景及活性炭对白菜小孢子胚胎发生能力的影响 [J]. 农业生物技术学报（3）：297-300.

刘公社，李岩，刘凡，等，1995. 高温对人白菜小孢子培养的影响 [J]. 植物学报，37（2）：140-146.

刘环环，2014. 不结球白菜和青花菜游离小孢子培养技术的研究 [D]. 南京：南京农业大学.

刘争，2016. 甘蓝小孢子胚状体再生及 DH 系植株差异性分析 [D]. 咸阳：西北农林科技大学.

刘争，张恩慧，程永安，等，2016. 影响甘蓝小孢子 DH 植株生长的几个因素 [J]. 西北农业学报，25 (4)：605-611.

卢松，陶莲，吴康云，等，2015. 微型结球白菜小孢子的培养及植株再生 [J]. 贵州农业科学，43 (8)：30-33.

陆瑞菊，王亦菲，孙月芳，等，2005. 玉米小孢子高频再生培养技术程序研究 [J]. 中国农学通报，21 (2)：38-40.

马东梅，2015. 浅谈供体植株对游离小孢子培养的影响 [J]. 辽宁农业科学 (2)：70-71.

马欣，2006. 茄子游离小孢子培养及其形态发育学观察 [D]. 保定：河北农业大学.

马勇斌，2011. 甘蓝小孢子培养几个因素探讨和 DH 植株再生技术研究 [D]. 咸阳：西北农林科技大学.

马勇斌，张恩慧，李殿荣，等，2011. 利用甘蓝游离小孢子不定芽叶片再生 DH 植株技术研究 [J]. 西北农林科技大学学报（自然科学版），39 (4)：111-116.

毛忠良，张振超，姚悦梅，等，2012. 羽衣甘蓝小孢子胚胎发生观察及再生植株倍性鉴定 [J]. 西北植物学报，32 (10)：2016-2022.

米哲，李云昌，梅德圣，等，2011. 甘蓝型油菜小孢子培养影响因素研究及再生苗早期倍性鉴定 [J]. 华北农学报，26 (5)：97-102.

牛永超，李加纳，殷家明，等，2010. 基因型和处理温度对芥菜型油菜游离小孢子培养的影响 [J]. 西南大学学报（自然科学版），32 (8)：23-28.

祁魏峥，颉建明，郁继华，等，2015. 甘蓝游离小孢子培养及再生植株倍性鉴定研究 [J]. 西南农业学报，28 (6)：2381-2388.

乔丽桃，高杰，2013. 芜菁花蕾长度与花粉小孢子单核靠边期关系的研究 [J]. 新疆农业科学，50 (4)：620-624.

乔丽桃，高杰，吴玉霞，2014. 芜菁小孢子胚胎发生及其显微结构观察研究 [J]. 天津农业科学，20 (5)：14-18.

乔丽桃，2014. 芜菁游离小孢子培养及其胚胎发生的研究 [D]. 乌鲁木齐：新疆农业大学.

秦艳梅，王明霞，贾利，等，2016. 白菜游离小孢子培养研究进展 [J]. 安徽农学通报，22 (11)：60-62, 66.

任飞，王羽梅，2010. 我国十字花科蔬菜游离小孢子培养研究进展 [J]. 韶关学院学报，31（3）：77-83.

申书兴，梁会芬，张成合，等，1999. 提高大白菜小孢子胚胎发生及植株获得率的几个因素研究 [J]. 河北农业大学学报（4）：65-68.

盛鹏，岳艳玲，李祥，等，2010. 活性炭对大白菜游离小孢子成胚和成苗的影响 [J]. 北方园艺（19）：13-15.

盛鹏，张秀荣，岳艳玲，等，2011. 光照和激素对耐热型大白菜游离小孢子培养的影响 [J]. 吉林农业大学学报，33（6）：649-653.

施柳，2014. 大白菜小孢子培养获得 DH 系的品质评价及耐盐性鉴定 [D]. 杭州：浙江农林大学.

施柳，王雅琼，李云龙，等，2014. 不同基因型大白菜小孢子胚状体诱导及植株再生 [J]. 北方园艺（6）：101-104.

宋思扬，楼士林，2014. 生物技术概论（第4版）[M]. 北京：科学出版社.

谭德冠，孙雪飘，张家明，2013. 植物游离小孢子培养 [J]. 热带农业科学（6）：23-29.

唐兵，陶莲，卢松，等，2017. 白菜游离小孢子培养高频胚诱导技术体系优化 [J]. 热带作物学报（10）：1913-1920.

汪维红，赵岫云，于拴仓，等，2010. 黄心乌白菜游离小孢子培养及植株再生 [J]. 西北农业学报，19（4）：132-137.

王葆生，廉勇，张艳萍，等，2019. 胡萝卜游离小孢子胚状体诱导技术优化 [J]. 北方园艺（13）：68-72.

王超楠，2008. 小白菜小孢子胚成苗影响因素研究 [C]. 中国园艺学会十字花科蔬菜分会、湖北省农业厅、湖北省农业科学院. 中国园艺学会十字花科蔬菜分会第六届学术研讨会暨新品种展示会论文集. 中国园艺学会十字花科蔬菜分会、湖北省农业厅、湖北省农业科学院：中国园艺学会：265-266.

王春丽，姚延兴，彭玲，2013. 萝卜游离小孢子培养及胚再生植株研究 [J]. 安徽农业科学，41（27）：10919-10922.

王改改，2017. 甘蓝小孢子培养技术体系的优化与植株再生技术研究 [D]. 咸阳：西北农林科技大学.

王康，2011. 萝卜游离小孢子培养与同源四倍体创制研究 [D]. 南京：

南京农业大学.

王萌, 2011. 草莓小孢子培养与离体诱导染色体加倍研究 [D]. 南京: 南京农业大学.

王娜, 贾凯, 妥秀兰, 等, 2016. 芜菁小孢子培养及其胚状体离体发育 过程 [J]. 西北农业学报, 25 (9): 1392-1398.

王莎莎, 2008. 甘蓝小孢子发育观察与小孢子培养中高出胚率的诱导技 术研究 [D]. 咸阳: 西北农林科技大学.

王涛涛, 李汉霞, 张俊红, 等, 2009. 芸薹属蔬菜小孢子胚状体再生成 苗及倍性鉴定 [J]. 植物生理学通讯, 45 (6): 561-566.

王卫珍, 祝朋芳, 2015. 羽衣甘蓝游离小孢子培养技术研究 [J]. 中国 园艺文摘, 31 (4): 14-15.

王五宏, 叶国锐, 李必元, 等, 2013. 结球甘蓝小孢子胚诱导与植株再 生 [J]. 核农学报, 27 (6): 715-722.

王鑫, 2015. 甘蓝花蕾小孢子发育同步性影响因素初探 [D]. 咸阳: 西 北农林科技大学.

王秀英, 2008. 大白菜游离小孢子培养胚胎发生率的影响因素 [J]. 山 西农业科学 (5): 84-87.

王秀英, 兰创业, 赵军良, 等, 2018. 大白菜小孢子培养中的污染问题 及防治对策 [J]. 上海蔬菜 (6): 72-74.

王秀英, 巫东堂, 赵军良, 等, 2008. 大白菜品种间小孢子培养胚诱导 率比较 [J]. 山西农业科学, 36 (12): 67-68, 71.

王秀英, 巫东堂, 赵军良, 等, 2012. 大白菜游离小孢子培养研究进展 [J]. 蔬菜 (7): 46-49.

王亦菲, 陆瑞菊, 孙月芳, 等, 2002. 大田油菜游离小孢子培养高频率 胚状体诱导及植株再生 [J]. 中国农学通报, 18 (1): 20-23.

王玉书, 王欢, 高美玲, 等, 2014. 羽衣甘蓝小孢子再生植株的倍性鉴 定及加倍 [J]. 河南农业科学, 44 (7): 107-110, 127.

吴安平, 殷少华, 熊飞, 等, 2010. 甘蓝型油菜小孢子加倍培养技术 [J]. 现代农业科技 (3): 91.

肖建洲, 陈玉萍, 2002. 三种芸薹属蔬菜花器形态与花粉发育时期相关 的细胞形态学观察 [J]. 长江蔬菜 (S1): 107-108.

辛建华, 张永华, 苑育文, 2007. 加工番茄小孢子发育时期与花器形态 相关性研究 [J]. 北方园艺 (5): 15-17.

徐艳辉，冯辉，张凯，2001. 大白菜游离小孢子培养中若干因素对胚状体诱导和植株再生影响 [J]. 北方园艺 (3)：6-8.

许蕾，陈佩琳，冯光燕，等，2019. 利用流式细胞仪鉴定鸭茅倍性 [J]. 草业学报，28 (3)：74-84.

许念芳，2010. 诱导甘蓝小孢子高出胚率和成苗技术研究 [D]. 咸阳：西北农林科技大学.

轩正英，马国财，2017. 新疆芜菁小孢子培养成胚影响因素研究 [J]. 湖北农业科学，56 (13)：2540-2542，2547.

杨安平，张恩慧，郑爱泉，等，2010. 秋水仙碱对甘蓝游离小孢子胚胎发生及发育的影响 [J]. 西北农林科技大学学报（自然科学版），38 (8)：131-137.

杨红丽，胡靖锋，徐学忠，等，2015. 影响甘蓝小孢子胚状体发生的因素研究 [J]. 山东农业科学，47 (2)：21-24，28.

叶国锐，2010. 白菜与甘蓝游离小孢子胚诱导主要影响因素的探讨 [D]. 杭州：浙江师范大学.

尹立荣，管长志，陈磊，等，2012. 胡萝卜游离小孢子培养与植株再生技术研究 [J]. 北方园艺 (15)：126-129.

余凤群，傅爱汝，刘后利，1998. 甘蓝型油菜小孢子胚状体发生的细胞学观察 [J]. 武汉植物学研究 (3)：197-201，291.

袁建民，木万福，杨龙，等，2016. 青花菜小孢子发育时期与花器形态的相关性 [J]. 中国农学通报，32 (34)：123-128.

袁素霞，孙继峰，刘玉梅，等，2011. 植物游离小孢子胚胎形成机理 [J]. 生物技术通报 (10)：7-16.

曾爱松，冯翠，高兵，等，2010. 结球甘蓝小孢子培养技术体系的优化研究 [J]. 华北农学报，25 (S2)：40-44.

曾爱松，高兵，宋立晓，等，2014. 结球甘蓝小孢子胚胎发生的细胞学研究 [J]. 南京农业大学学报，37 (5)：47-54.

曾爱松，高兵，宋立晓，等，2015. 耐寒结球甘蓝小孢子培养及其发育过程 [J]. 中国农业大学学报，20 (2)：86-92.

曾爱松，李家仪，李英，等，2019. 结球甘蓝游离小孢子热激处理下差异表达基因分析 [J]. 南京农业大学学报 (2)：236-245.

曾爱松，宋立晓，闫圆圆，等，2017. 抗生素在甘蓝类蔬菜小孢子胚胎发生中的双重作用 [J]. 核农学报，31 (3)：455-460.

曾小玲，方淑桂，朱朝辉，等，2014. 不同基因型菜心游离小孢子培养和植株再生 [J]. 热带作物学报，35（12）：2397-2402.

詹艳，陈劲枫，Malik A A，2009. 黄瓜游离小孢子培养诱导成胚和植株再生 [J]. 园艺学报，36（2）：68-73.

张恩慧，程芳芳，杨安平，等，2014. 株龄、栽培环境及温度对甘蓝小孢子诱导出胚的影响 [J]. 西北农林科技大学学报（自然科学版），42（1）：120-124.

张恩慧，马英夏，杨安平，等，2012. 甘蓝小孢子培养中花蕾长度与细胞单核期的关系 [J]. 西北农业学报，21（6）：124-128.

张恩慧，杨安平，许忠民，等，2016. 甘蓝游离小孢子培养技术体系的研究 [J]. 陕西农业科学，62（10）：8-10.

张慧，汪承刚，宋江华，等，2013. 芸薹属蔬菜游离小孢子成胚影响因素研究进展 [J]. 中国农学通报，29（10）：92-96.

张菊平，巩振辉，刘珂珂，等，2007. 辣椒小孢子发育时期与花器形态的相关性 [J]. 西北农林科技大学学报（自然科学版）（3）：153-158.

张琨，刘志勇，单晓菲，等，2017. 青梗菜黄化突变体 *pylm* 遗传特性分析 [J]. 沈阳农业大学学报，48（1）：1-8.

张琨，周渊，单晓菲，等，2020. 黄花菜组织培养研究进展 [J]. 北方园艺，44（2）：130-137.

张琨，殷丽丽，韩志平，等，2020. 黄花菜花粉生活力鉴定和萌发率测定方法研究 [J]. 上海蔬菜，（4）：91-94.

张琨，殷丽丽，韩志平，等，2020. 黄花菜小孢子发育时期与花器官形态的关系 [J]. 沈阳农业大学学报，51（4）：482-487.

张丽，白小娟，2011. 萝卜离体小孢子培养中的胚胎发生及发育途径 [J]. 安徽农业科学，39（1）：38-40.

张丽，王庆彪，郑鹏婧，等，2016. 萝卜小孢子培养再生植株及其性状表现 [J]. 西北农业学报，25（9）：1386-1391.

张丽，郑鹏婧，2013. 春白萝卜游离小孢子培养的研究 [J]. 北方园艺（23）：31-33.

张孟利，2016. 栽培因素影响甘蓝花蕾小孢子发育同步性的研究 [D]. 咸阳：西北农林科技大学.

张孟利，张恩慧，许忠民，等，2018. 栽培因素影响甘蓝花蕾小孢子发育同步性研究 [J]. 西南大学学报（自然科学版）（1）：9-14.

张德双，曹鸣庆，秦智伟，1998. 绿菜花游离小孢子培养、胚胎发生和植株再生 [J]. 华北农学报（3）：103-107.

张伟峰，郝浩永，于拴仓，2010. 大白菜游离小孢子培养研究进展 [J]. 安徽农业科学，38（16）：8340-8342.

张鑫，杜红斌，轩正英，2015. 新疆芜菁小孢子不同发育时期的细胞学和花器官形态特征观察 [J]. 北方园艺（21）：1-5.

张鑫，2016. 新疆芜菁游离小孢子胚胎发生影响因素研究 [D]. 阿拉尔：塔里木大学.

张亚丽，2009. 大白菜游离小孢子培养技术研究 [D]. 咸阳：西北农林科技大学.

张振超，2012. 若干十字花科植物小孢子培养和植株再生及四倍体新种质创制 [D]. 杭州：浙江大学.

赵大芹，毛堂芬，陶莲，等，2007. 大白菜内因对小孢子胚胎发生能力的影响 [J]. 种子（11）：80-81.

赵大芹，潘业勤，陶莲，等，2008. 大白菜游离小孢子培养的研究进展 [J]. 贵州农业科学（4）：3-7.

周英，冯辉，王超楠，等，2006. 大白菜小孢子胚诱导和植株再生 [J]. 沈阳农业大学学报（6）：816-820.

周广振，肖永，陈健，2018. 木本植物游离小孢子培养研究进展 [J]. 分子植物育种（21）：7132-7137.

周英，2018. 外植体对大白菜小孢子胚状体发生率的影响 [J]. 现代农业（5）：18-19.

周志国，龚义勤，王晓武，等，2007. 不同萝卜品种游离小孢子的诱导及培养体系优化研究 [J]. 西北植物学报（1）：33-38.

周志国，2007. 萝卜游离小孢子胚状体诱导与植株再生研究 [D]. 南京：南京农业大学.

周志国，王聪艳，龚义勤，等，2009. 萝卜小孢子植株倍性鉴定研究 [J]. 江苏农业科学（4）：156-158.

朱守亮，2009. 利用甘蓝单倍体和体细胞筛选耐热育种材料技术研究 [D]. 咸阳：西北农林科技大学.

祝朋芳，王卫珍，李珺，等，2015. 羽衣甘蓝游离小孢子胚胎发生、植株再生与增殖的研究 [J]. 北方园艺（13）：111-115.

邹小云，宋来强，邹晓芬，等，2007. 油菜小孢子再生体系及其在育种

中的应用研究进展 [J]. 江西农业学报 （12）：28-30.

Burnett L, Yarrow S, Huang B, 1992. Embryogenesis and plant regeneration from isolated microspores of *Brassica rapa* L. ssp. *oleifera* [J]. Plant Cell Rep, 11：215-218.

Cao M Q, Li Y, Liu F, et al. , 1995. Application of anther culture and isolated microspore culture to vegetable crop improvement [J]. Acta Hort, 392：27-38.

Chuong P V, Beversdorf W D, 1985. High frequency embryogenesis through isolated microspore culture in Brassica napus L. and B. *carinata* Braun [J]. Plant Sci, 39 （3）：219-226.

Duijs J G, Voorrips R E, Visser D L, et al. , 1992. Microspore culture is successful in most crop types of Brassica oleracea L. [J]. Euphytica, 60 （1）：45-55.

Górecka K, Kowalska U, Krzyzanowska D, et al. , 2010. Obtaining carrot （Daucus carota L. ） plants in isolated microspore cultures [J]. J Appl Genet, 51 （2）：141-147.

Guha S, Maheshwari S C, 1964. In vitro production of embryos from anthers of Datura [J]. Nature, 204 （4957）：497.

Hetz E, Schieder O, 1989. Plant regeneration from isolated microspores of black mustard （*Brassica nigra*）. [J]. Euphytica Ⅻ. Congress：25-10.

Kim M, Park E J, An D, et al. , 2013. High-quality embryo production and plant regeneration using a two-step culture system in isolated microspore cultures of hot pepper （Capsicum annuum L. ） [J]. Plant Cell Tiss Organ Cult, 112 （2）：191-201.

Lichter R, 1989. Efficient yield of embryoids by culture of isolated microspores of different *Brassica* srecies [J]. Plant Breed, 103：119-123.

Lichter R, 1982. Induction of haploid plants from isolated pollen of *Brassica napus* [J]. Z Pflanzenphysiol, 105：427-431.

Sato T, Nishio T, Hirai M, 1989. Plant regeneration from isolated microspore cultures of Chinese cabbage （Brassica campestris spp. pekinensis） [J]. Plant Cell Rep, 8 （8）：486-488.

Takahata Y, Keller W A, 1991. High frequency embryogenesis and plant regeneration in isolated microspore culture of Brassica oleracea L. [J].

Plant Sci, 74（2）：235-242.

Wong R S C, Zee S Y, Swanson E B, 1996. Isolated microspore culture of Chinese flowering cabbage（Brassica campestris ssp. parachinensis）［J］. Plant Cell Rep, 15（6）：396-400.

Zhang K, Liu Z, Shan X, et al., 2017. Physiological properties and chlorophyll biosynthesis in a Pak-choi（*Brassica rapa* L. ssp. *chinensis*）yellow leaf mutant, *pylm*［J］. Acta Physiol Plant, 39（1）：22-31.

Zhang K, Mu Y, Li W, et al., 2020. Identification of two recessive etiolation genes（*py*1, *py*2）in pakchoi（*Brassica rapa* L. ssp. *chinensis*）［J］. BMC Plant Biol（20）：68-81.

Zhao J P, Simmonds D H, Newcomb W, 1996. Induction of embryogenesis with colchicine instead of heat in microspores of *Brassica napus* L. *cv. Topas*. Planta, 198：433-439.